21 世纪高等学校计算机系列规划教材

Dreamweaver 网页设计与制作案例教程

丁海燕 编著

清华大学出版社

北 京

内 容 简 介

本书是根据作者多年的实际教学经验积累而创作的,为更好地配合任务驱动型计算机教学方法的改革,本书的最大特色是围绕一个综合案例,采用任务驱动和案例教学法组织教材内容,按照易学、易懂、易操作的原则,以网页制作软件 Dreamweaver 为主线系统地介绍了 HTML 语言、网页设计与制作的基本方法,并有针对性地介绍了利用 Web 图像软件 Fireworks 制作切片生成封面型首页的使用方法等。教材内容丰富,层次清楚,语言通俗易懂,由浅入深,精选案例,案例有代表性、综合性和新意,操作步骤简明扼要,便于教师实施任务驱动式教学和学生的自主学习。读者按案例步骤操作就能够掌握网页制作的各个知识点,并达到综合应用的能力。

本书配有电子课件、每章实例及素材。书中所有实例都已运行通过。读者可以从清华大学出版社网站(http://www.tup.com.cn)下载电子教案和相关源程序及素材。

本书教学理念新颖,知识点全面,针对性强,适合于高校计算机公共课程的教学使用。可以满足不同院校各类非计算机专业本科的教学需求,可以作为高校本科网页设计课程的教材,还可作为网页制作人员的参考用书。

图书在版编目(CIP)数据

Dreamweaver 网页设计与制作案例教程/丁海燕编著. --北京:清华大学出版社,2012.9
21 世纪高等学校计算机系列规划教材
ISBN 978-7-302-29068-1

Ⅰ. ①D… Ⅱ. ①丁… Ⅲ. ①网页制作工具-高等学校-教材 Ⅳ. ①TP393.092

中国版本图书馆 CIP 数据核字(2012)第 129712 号

责任编辑:高买花 薛 阳
封面设计:杨 兮
责任校对:时翠兰
责任印制:杨 艳

出版发行:清华大学出版社
   网   址:http://www.tup.com.cn,http://www.wqbook.com
   地   址:北京清华大学学研大厦 A 座   邮 编:100084
   社 总 机:010-62770175   邮 购:010-62786544
   投稿与读者服务:010-62776969,c-service@tup.tsinghua.edu.cn
   质 量 反 馈:010-62772015,zhiliang@tup.tsinghua.edu.cn
   课 件 下 载:http://www.tup.com.cn,010-62795954
印 装 者:北京鑫海金澳胶印有限公司
经 销:全国新华书店
开 本:185mm×260mm 印 张:16 字 数:387 千字
版 次:2012 年 10 月第 1 版 印 次:2012 年 10 月第 1 次印刷
印 数:1~3000
定 价:28.00 元

产品编号:044213-01

编审委员会成员

（按地区排序）

	李善平	教授
扬州大学	李 云	教授
南京大学	骆 斌	教授
	黄 强	副教授
南京航空航天大学	黄志球	教授
	秦小麟	教授
南京理工大学	张功萱	教授
南京邮电学院	朱秀昌	教授
苏州大学	王宜怀	教授
	陈建明	副教授
江苏大学	鲍可进	教授
中国矿业大学	张 艳	教授
武汉大学	何炎祥	教授
华中科技大学	刘乐善	教授
中南财经政法大学	刘腾红	教授
华中师范大学	叶俊民	教授
	郑世珏	教授
	陈 利	教授
江汉大学	颜 彬	教授
国防科技大学	赵克佳	教授
	邹北骥	教授
中南大学	刘卫国	教授
湖南大学	林亚平	教授
西安交通大学	沈钧毅	教授
	齐 勇	教授
长安大学	巨永锋	教授
哈尔滨工业大学	郭茂祖	教授
吉林大学	徐一平	教授
	毕 强	教授
山东大学	孟祥旭	教授
	郝兴伟	教授
厦门大学	冯少荣	教授
厦门大学嘉庚学院	张思民	教授
云南大学	刘惟一	教授
电子科技大学	刘乃琦	教授
	罗 蕾	教授
成都理工大学	蔡 淮	教授
	于 春	副教授
西南交通大学	曾华燊	教授

随着我国改革开放的进一步深化,高等教育也得到了快速发展,各地高校紧密结合地方经济建设发展需要,科学运用市场调节机制,加大了使用信息科学等现代科学技术提升、改造传统学科专业的投入力度,通过教育改革合理调整和配置了教育资源,优化了传统学科专业,积极为地方经济建设输送人才,为我国经济社会的快速、健康和可持续发展以及高等教育自身的改革发展做出了巨大贡献。但是,高等教育质量还需要进一步提高以适应经济社会发展的需要,不少高校的专业设置和结构不尽合理,教师队伍整体素质亟待提高,人才培养模式、教学内容和方法需要进一步转变,学生的实践能力和创新精神亟待加强。

教育部一直十分重视高等教育质量工作。2007年1月,教育部下发了《关于实施高等学校本科教学质量与教学改革工程的意见》,计划实施"高等学校本科教学质量与教学改革工程(简称'质量工程')",通过专业结构调整、课程教材建设、实践教学改革、教学团队建设等多项内容,进一步深化高等学校教学改革,提高人才培养的能力和水平,更好地满足经济社会发展对高素质人才的需要。在贯彻和落实教育部"质量工程"的过程中,各地高校发挥师资力量强、办学经验丰富、教学资源充裕等优势,对其特色专业及特色课程(群)加以规划、整理和总结,更新教学内容、改革课程体系,建设了一大批内容新、体系新、方法新、手段新的特色课程。在此基础上,经教育部相关教学指导委员会专家的指导和建议,清华大学出版社在多个领域精选各高校的特色课程,分别规划出版系列教材,以配合"质量工程"的实施,满足各高校教学质量和教学改革的需要。

本系列教材立足于计算机公共课程领域,以公共基础课为主、专业基础课为辅,横向满足高校多层次教学的需要。在规划过程中体现了如下一些基本原则和特点。

(1) 面向多层次、多学科专业,强调计算机在各专业中的应用。教材内容坚持基本理论适度,反映各层次对基本理论和原理的需求,同时加强实践和应用环节。

(2) 反映教学需要,促进教学发展。教材要适应多样化的教学需要,正确把握教学内容和课程体系的改革方向,在选择教材内容和编写体系时注意体现素质教育、创新能力与实践能力的培养,为学生的知识、能力、素质协调发展创造条件。

(3) 实施精品战略,突出重点,保证质量。规划教材把重点放在公共基础课和专业基础课的教材建设上;特别注意选择并安排一部分原来基础比较好的优秀教材或讲义修订再版,逐步形成精品教材;提倡并鼓励编写体现教学质量和教学改革成果的教材。

(4) 主张一纲多本,合理配套。基础课和专业基础课教材配套,同一门课程可以有针对不同层次、面向不同专业的多本具有各自内容特点的教材。处理好教材统一性与多样化,基本教材与辅助教材、教学参考书,文字教材与软件教材的关系,实现教材系列资源配套。

（5）依靠专家，择优选用。在制定教材规划时依靠各课程专家在调查研究本课程教材建设现状的基础上提出规划选题。在落实主编人选时，要引入竞争机制，通过申报、评审确定主题。书稿完成后要认真实行审稿程序，确保出书质量。

繁荣教材出版事业，提高教材质量的关键是教师。建立一支高水平教材编写梯队才能保证教材的编写质量和建设力度，希望有志于教材建设的教师能够加入到我们的编写队伍中来。

21世纪高等学校计算机系列规划教材

联系人：魏江江 weijj@tup.tsinghua.edu.cn

随着 Internet 的迅速发展与普及，人们通过浏览网页就可方便地获取信息，并且越来越多的个人、公司、企业、政府和学校建立了自己的网站。一个完整的网站并不是由一个单独的软件制作而成的，它需要多方面的配合，包括网络知识、网页制作技术、网页布局、网页配色，以及相关的网页制作软件、图形图像处理软件、动画软件、数据库编程等。因此在教学实践方面需要多学科地综合。

"网页制作"课程通常作为计算机公共选修课程或者数字媒体专业的选修课程。根据作者多年的教学实践和网站开发经验，在网页设计与制作的教学过程中，采用典型案例和任务驱动的教学方法，能极大地激发学生的学习兴趣，使得学生能够高效地掌握网页制作的知识和技能，并能举一反三制作出其他网页作品。教材是教学实施的重要内容，为了配合采用任务驱动的教学方法，作者从实际教学角度编写了这本任务驱动、案例式教材，以便有效地提高教学质量。

"网页设计"是一门技术性和实践性很强、极富创造性的课程，并且只有经过实践，才能真正掌握相关知识和技能。在传统的教学过程中，知识点分散，有的案例仅仅说明个别知识点，学生只见树木不见森林，无法将各种网站制作方法和技术融会贯通。因此在网页设计教学中，特别适合采用任务驱动法进行教学。任务驱动教学法就是让学生在一个典型的任务驱动下展开教学活动，从网页设计实际工作过程出发，抓住重点和难点问题进行任务设计。

本教材共 10 章，按照网站开发流程，通过设计一个小型综合网站，尽量将所有章节的知识点涵盖进去，循序渐进地介绍了文本、图像、超链接、音乐、视频、Flash 动画、滚动字幕、图像查看器、表格布局、框架、页内框架、图层布局、行为特效、网页模板、层叠样式表（CSS）等。在教学过程中不断地运用"新任务"来引导学生学习，并按照教学内容，层层深入学习，通过教师操作演示和讲解涉及的新知识，以前学过的旧知识也在这一过程中得以巩固。通过案例式和任务驱动式的学习，学生能够轻松掌握网页制作方法并能够创作形式生动的网站。

本书融入了先进的教学理念和独特的教学方法，章节结构合理，内容取舍得当，举例典型和恰当，以可视化网站开发工具 Dreamweaver 为主线，讲解了网站开发的流程、网页的版面布局、网页行为特效、动态网页制作等，最后介绍了利用模板批量制作风格一致的网站，这样的教学内容体系，有利于计算机应用能力和创新能力的培养。

本书配套的 PPT 课件和素材可以在清华大学出版社网站（http://www.tup.com.cn）下载。

本书由丁海燕编写，余江教授、张学杰教授、赵东风教授对本书提供了技术指导。清华大学出版社对本书的出版给予了极大的支持和鼓励，谨此向他们表示最真挚的感谢。

由于计算机技术发展迅速，加之作者水平所限，本书的疏漏和不足之处在所难免，敬请同行专家和广大读者批评指正。

作　者

2012 年 6 月

第 1 章

网页设计基础

互联网的诞生和快速发展,给网页设计师提供了广阔的设计空间。相对传统的平面设计来说,网页设计具有更多的新特性和更多的表现手段,借助网络这一平台,将传统设计与电脑、互联网技术相结合,实现网页设计的创新应用与技术交流。网页设计是传统设计与信息、科技和互联网结合而产生的,是交互设计的延伸和发展,是在新媒介和新技术支持下的一个全新的设计创作领域。

如今的网页设计往往要结合动画、图像特效与后台的数据交互等,而 Dreamweaver、Fireworks 和 Flash 作为 Macromedia 公司经典的常用网页设计软件,是目前网页制作的首选工具,称为网页三剑客。它们具有强大的网页设计、图像处理和动画制作功能,在静态页面设计、图片设计和网站动画设计等方面,都可以将网站设计人员的思想体现得淋漓尽致。

在建立网站之前,首先要了解各种网络的基础知识、网页制作的技术、网页布局、网页配色以及涉及的软件和网站开发流程等。

1.1 Internet 基础

Internet 译为"因特网",也称为国际互联网或互联网,它是指通过 TCP/IP 协议将世界各地的网络连接起来实现资源共享,并提供各种应用服务的全球性计算机网络。它是当今世界上最大、最流行的计算机网络,是信息社会的基础,在人类社会的各个领域中起着重大的作用。

Internet 拥有不计其数的网络资源,用户可以在 Internet 上获得所需的任何信息。人们最熟悉的常用功能有网络信息浏览(WWW)、电子邮件(E-mail)、新闻组(News Group)、文件传输(FTP)、远程登录(Telnet)、电子公告板(BBS)以及 Internet 提供的其他丰富多彩的服务。

1.2 网页相关术语

1.2.1 IP 地址

为了在网络环境下实现计算机之间的通信,网络中的任何一台计算机必须有一个地址,而且同一个网络中的地址不允许重复,IP地址用32位二进制数表示,为了便于记忆,通常又把32位二进制数分成4个字节,每字节8位,用小数点将它们隔开,然后把每一字节段数都转换成相应的十进制数,称为点分十进制数。每一段的取值范围是十进制的0~255。

例如,某台主机的IP地址是00001010 01000001 01010111 11011100,用点分十进制数表示为10.65.87.220。

提示:

- IP地址由32位二进制数组成,该地址就称为这台主机的IP地址。
- 最小的IP地址值为0.0.0.0,最大的IP地址值为255.255.255.255。
- 每个IP地址都包含两部分,即网络号和主机号。
- 主机号全为0的IP地址保留用于网络地址,主机号全为1的IP地址保留为广播地址。

1. IP地址的分类

InterNIC将IP地址分为A、B、C、D、E五类,IP地址的分类方法如图1-1所示。

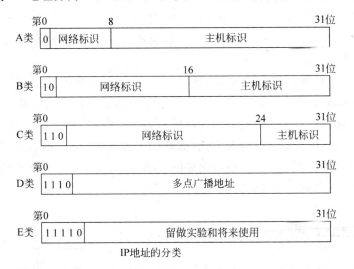

图1-1　IP地址的分类

A类保留给政府机构,B类分配给中等规模的公司,C类分配给任何需要的人,D类用于组播,E类用于实验,各类可容纳的地址数目不同。当将IP地址写成二进制形式时,A类地址的第一位总是0,B类地址的前两位总是10,C类地址的前三位总是110。

注意:需掌握根据IP地址判断网络类别、网络地址和主机地址的方法。

2. IP地址的规定

(1)当某一机构申请到一个网络地址时,通常可把该网络中的某些IP地址分配给其他需要与之联网的主机使用,以实现地址资源共享的目的。

(2)A类网络地址无法再分割成若干B类网络地址,B类网络地址也无法分割成若干C类网络地址。

(3)在Internet中一台主机的IP地址不论属于哪类网络,均与其他主机处在平等的地位。

(4)局域网中保留使用的专用IP地址如下。

A类IP:10.0.0.0~10.255.255.255;

B 类 IP：172.16.0.0～172.31.255.255；

C 类 IP：192.168.0.0～192.168.255.255。

1.2.2 域名

由于 IP 地址是数字标识，使用时难以记忆和书写，因此在 IP 地址的基础上又发展出了一种符号化的地址方案，来代替数字型的 IP 地址。每一个符号化的地址都与特定的 IP 地址对应。这个与网络上的数字型 IP 地址相对应的字符型地址，就被称为域名。例如，清华大学的 IP 地址为 166.111.4.100，对应的域名为 www.tsinghua.edu.cn。

域名是一个层次化的符号名称，层与层之间用"."号分隔，位于最右边的一层称为顶级域名，或称为根域名，其他都是顶级域名的子域名。

从右到左依次为：顶级域名（也称为一级域名）、二级域名、三级域名等。

域名的结构是一种分层次结构，典型的域名结构是：单位名.机构名.国家名。

下面以云南大学的域名（www.ynu.edu.cn）来分析一下域名的构成：www 是为用户提供服务的主机类型；ynu 代表云南大学；edu 代表教育机构；cn 代表中国。

按照 Internet 的组织模式，域名有以下两种分类方法。

一种是按照机构进行分类，如表 1-1 所示。

表 1-1 顶级域名的地区名

域名	意义	域名	意义	域名	意义
com	公司和企业	edu	教育	gov	政府部门
int	国际机构	mil	军事	net	网络机构
org	非营利组织	info	信息服务	stor	销售单位

另一种是按国家和地区进行分类，如 cn（中国）、us（美国）、hk（中国香港）等，如表 1-2 所示。

表 1-2 顶级域名的区域名

域名	国家和地区	域名	国家和地区	域名	国家和地区
cn	中国	jp	日本	se	瑞典
de	德国	kr	韩国	sg	新加坡

1.2.3 网址 URL

客户机与 Web 服务器的交互是通过超文本传输协议（HTTP）来完成的，用户要查询的某一台 Web 服务器是通过统一资源定位符（Uniform Resource Locator，URL）来指定的。URL 是一个指定因特网或内联网服务器中目标定位位置的格式化字符串，与在计算机中根据指明的路径查找文件类似，它是在 WWW 中浏览超文本文档时保证准确定位的一种机制。它既可指向本地计算机硬盘上的某个文件，也可指向 Internet 上的某一个网页。也就是说，通过 URL 可访问 Internet 上任何一台主机或者主机上的文件和文件夹。它包含有被访问资源的类型、服务器的地址、文件的位置等，也被称为"网址"。URL 的一般格式如下。

访问协议：//服务器主机域名或 IP 地址［：端口号］/路径/文件名

例如：http://www.ynu.edu.cn/info/2010-09-06/0-2-3171.html

- 协议：说明信息资源的类型。如"http://"表示 WWW 服务器，"ftp://"表示 FTP 服务器，"mms://"表示流媒体传送协议。
- 服务器主机域名或 IP 地址：指出信息资源所在的服务器的主机地址。
- 端口：默认为 80，一般省略。
- 路径：指明某个信息资源在服务器上所处的位置。
- 文件名：给出了信息资源文件的名称，如果缺少了路径和文件名，则 URL 默认指向 Web 站点的首页（Homepage）。首页的文件名默认为 index.htm 或 default.htm。

1.2.4　WWW

万维网（World Wide Web，WWW）也可以简称为 Web、W3、3W 等，它是基于"超文本"的信息查询和信息发布的系统。Web 就是以 Internet 上众多的 Web 服务器所发布的相互链接的文档为基础，组成的一个庞大的信息网，它不仅可以提供文本信息，还可以包括声音、图形、图像以及动画等多媒体信息，它为用户提供了图形化的信息传播界面——网页。

WWW 采用 B/S（Browser/Server）结构，即浏览器和服务器结构。它是随着 Internet 技术的兴起，对 C/S 结构的一种变化或改进的结构。在这种结构下，用户工作界面是通过 WWW 浏览器来实现的，主要事务逻辑在服务器端（Server）实现，少部分事务逻辑在前端（Browser）实现。这样的好处是大大简化了客户端的计算机载荷，减轻了系统维护与升级的成本和工作量，降低了用户的总体成本。因此，用户只需要安装浏览器即可浏览页面，不需要知道服务器端使用什么操作系统或服务器端怎么处理浏览器发出的请求，就可以方便查看自己想看到的内容。

要访问万维网上的一个网页或者其他网络资源的时候，首先应在浏览器的地址栏中输入想访问网页的统一资源定位符（Uniform Resource Locator，URL）或者通过超链接方式链接到该网页或网络资源。然后 URL 的服务器名部分，被分布于全球的因特网数据库解析（称为域名系统），并根据解析结果确定服务器的 IP 地址。然后向该 IP 地址的服务器发送一个 HTTP 请求。通常，HTML 文本、图片和构成该网页的一切其他文件很快会被逐一请求并发送回用户。然后浏览器把 HTML、CSS 和其他接收到的文件所描述的内容，加上图像、链接和其他必需的资源，显示给用户，这就是用户看到的"网页"。

总体来说，WWW 采用客户机/服务器的工作模式，工作流程具体如下，如图 1-2 所示。

（1）用户使用浏览器或其他程序建立客户机与服务器连接，并发送浏览请求。

（2）Web 服务器接收到请求后，返回信息到客户机。

（3）通信完成，关闭连接。

图 1-2　WWW 的工作原理

1.2.5 浏览器

浏览器是万维网(Web)服务的客户端浏览程序。可向万维网(Web)服务器发送各种请求,并对从服务器发来的超文本信息和各种多媒体数据格式进行解释、显示和播放。大部分的浏览器本身支持除了 HTML 之外的广泛的格式,例如 JPEG、PNG、GIF 等图像格式,并且能够扩展支持众多的插件(plug-ins)。另外,许多浏览器还支持其他 URL 类型及其相应的协议,如 FTP、Gopher、HTTPS(HTTP 协议的加密版本)。

个人电脑上常见的网页浏览器包括微软的 Internet Explorer、Mozilla 的 Firefox、Apple 的 Safari、腾讯 TT、搜狗浏览器、傲游浏览器、百度浏览器等,可以搜索、查看和下载 Internet 上的各种信息。

1.2.6 网页

网页是由 HTML(超文本标记语言)或者其他语言编写的,通过 IE 浏览器解释后供用户获取信息的页面,它又称为 Web 页,其中可包含文字、图像、表格、动画和超级链接等各种网页元素。网页实际上只是一个纯文本文件,它通过各式各样的标记对页面上的文字、图片、表格、声音等元素进行描述(例如字体、颜色、大小),而浏览器则对这些标记进行解释并生成页面。一个网页如图 1-3 所示。

1.2.7 网站

网站就是完成特定目标的一个或多个网页的集合。网站是因特网上一块固定的面向全世界发布消息的地方,由域名(也就是网站地址)和网站空间构成,通常包括主页和其他具有超链接文件的页面。按网站的内容可分为门户网站、职能网站、专业网站和个人网站等。

1.3 网页浏览原理

Web 技术经历了重大演变。最早的网页仅仅是由静态文档构成,用户浏览时只能被动接收网页内容。这与传统媒体相比没有什么变化。随着网络技术的发展,不仅可以在网页中嵌入程序,而且可以在运行过程中向网页添加动态内容,用户可以与网页进行交互,实现了全新的媒体形式。

1.3.1 网页的分类

1. 按所处位置分类

按网页在网站中所处的位置可将网页分为首页(index.html)和子页两类。首页如图 1-3 所示,子页如图 1-4 所示。

2. 按表现形式分类

按网页的表现形式可将网页分为静态网页和动态网页。运行于客户端的程序、网页、插件、组件,属于静态网页,例如 HTML 页、Flash、JavaScript、VBScript 等,它们是永远不变的。在服务器端运行的程序、网页、组件,属于动态网页,它们会随不同客户、不同时间,返回不同的网页,例如 ASP、PHP、JSP、ASP.net、CGI 等。

图 1-3　首页

图 1-4　子页

　　静态网页和动态网页各有特点,网站采用动态网页还是静态网页主要取决于网站的功能需求和网站内容的多少,如果网站功能比较简单,内容更新量不是很大,采用纯静态网页的方式会更简单,反之一般要采用动态网页技术来实现。

　　静态网页是网站建设的基础,静态网页和动态网页之间也并不矛盾,为了网站适应搜索引擎检索的需要,即使采用动态网站技术,也可以将网页内容转化为静态网页发布。

1.3.2 静态网页

静态网页是指一旦制作并上传以后,其内容就不能随意进行变化和修改的网页。在HTML 格式的网页上,也可以出现各种动态的效果,如.GIF 格式的动画、Flash、滚动字幕等,这些"动态效果"只是视觉上的,与下面将要介绍的动态网页是不同的概念。

静态网页是相对于动态网页而言,是指没有后台数据库、不含程序和不可交互的网页。编的是什么它显示的就是什么,不会有任何改变。静态网页相对更新起来比较麻烦,适用于一般更新较少的展示型网站。

1. 静态网页的特点

* 静态网页通常以.htm、.html、.shtml 等形式为后缀。
* 静态网页的内容相对稳定,因此容易被搜索引擎检索。
* 静态网页没有数据库的支持,在网站制作和维护方面工作量较大,因此当网站信息量很大时完全依靠静态网页制作方式比较困难。
* 静态网页的交互性较差,在功能方面有较大的限制。
* 每个静态网页都是独立存在于服务器上的网页文件。

2. 静态网页浏览的步骤(图 1-5)

(1) 浏览器通过 HTML 表单或超链接请求指向一个静态页面的 URL。

(2) 服务器收到用户的请求。

(3) 服务器找到该页面文件。

(4) 服务器将该页面的副本发送回浏览器显示。

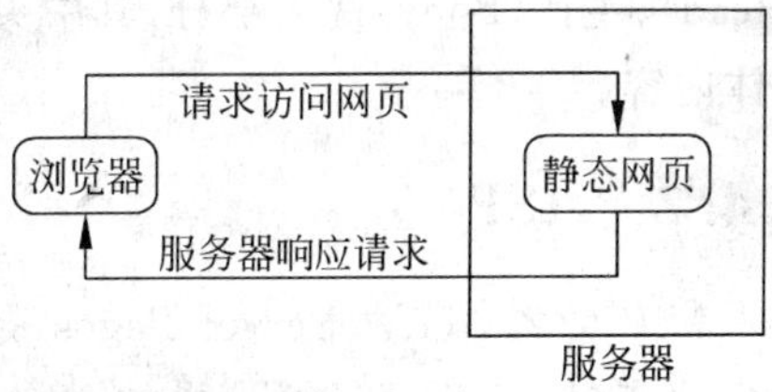

图 1-5 静态网页浏览原理

1.3.3 动态网页

动态网页,是指由程序实时生成,可以根据不同条件生成不同内容的网页。

1. 动态网页的特点

* 动态网页以数据库技术为基础,可以大大减少网站维护的工作量。
* 采用动态网页技术的网站可以实现更多的功能,如用户注册、用户登录、在线查询、用户管理、订单管理等。
* 动态网页实际上并不是独立存在于服务器上的网页文件,只有当用户请求时,服务器才会返回一个完整的网页。

2. 动态网页浏览的步骤(图 1-6)

(1) 浏览器通过 HTML 表单或超链接请求指向一个应用程序的 URL。

(2) 服务器收到用户的请求。

(3) 服务器执行指定的应用程序。

(4) 应用程序通常是基于用户输入的内容,执行所需要的操作。

(5) 应用程序把结果格式化为网络服务器和浏览器能够理解的文档,即 HTML 网页。

(6) 网络服务器最后将结果返回到浏览器中。

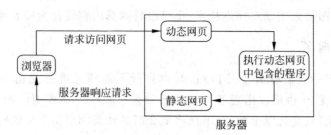

图 1-6　动态网页浏览原理

1.4　网页编程技术

1.4.1　HTML

超文本标记语言 HTML(Hypertext Markup Language)是目前网络上应用最为广泛的语言,也是构成网页文档的主要语言。HTML 文本是由 HTML 命令组成的描述性文本,HTML 命令可以说明文字、图形、动画、声音、表格、链接等。HTML 文档的结构包括头部(Head)、主体(Body)两大部分,其中头部描述浏览器所需的信息,而主体则包含所要说明的具体内容。

1.4.2　ASP

ASP 全名 Active Server Pages,是一个 Web 服务器端的开发环境,利用它可以产生和执行动态的、互动的、高性能的 Web 服务应用程序。ASP 采用脚本语言(VBScript 或 JavaScript)作为自己的开发语言。它可以与数据库和其他程序进行交互,是一种简单、方便的编程工具。ASP 的网页文件的格式是.asp,现在常用于各种动态网站中。

ASP 网页可以包含 HTML 标记、普通文本、脚本命令以及 COM 组件等。利用 ASP 可以向网页中添加交互式内容(如在线表单),也可以创建使用 HTML 网页作为用户界面的 Web 应用程序。与 HTML 相比,ASP 网页具有以下特点。

(1) 利用 ASP 可以实现突破静态网页的一些功能限制,实现动态网页技术。

(2) ASP 文件是包含在 HTML 代码所组成的文件中的,易于修改和测试。

(3) 服务器上的 ASP 解释程序会在服务器端执行 ASP 程序,并将结果以 HTML 格式传送到客户端浏览器上,因此使用各种浏览器都可以正常浏览 ASP 所产生的网页。

(4) ASP 提供了一些内置对象,使用这些对象可以使服务器端脚本功能更强。例如可以从 Web 浏览器中获取用户通过 HTML 表单提交的信息,并在脚本中对这些信息进行处理,然后向 Web 浏览器发送信息。

(5) ASP 可以使用服务器端 ActiveX 组件来执行各种各样的任务,例如存取数据库、发送 E-mail 或访问文件系统等。

(6) 由于服务器是将 ASP 程序执行的结果以 HTML 格式传回客户端浏览器,因此使用者不会看到 ASP 所编写的原始程序代码,可防止 ASP 程序代码被窃取。

(7) 方便连接 Access 与 SQL Server 数据库。

1.4.3 ASP.NET

ASP.NET 是把基于通用语言的程序在服务器上运行。不像以前的 ASP 即时解释程序,而是将程序在服务器端首次运行时进行编译,执行效果比一条一条地解释强很多,执行效率也大大提高。

ASP.NET 可以运行在 Web 应用软件开发者的几乎全部的平台上。通用语言的基本库、消息机制、数据接口的处理都能无缝地整合到 ASP.NET 的 Web 应用中。ASP.NET 同时也是语言独立化的,ASP.NET 常用的主要有两种开发语言,VB.NET 和 C♯,C♯ 是.NET独有的语言,VB.NET 则为以前的 VB 程序设计,适合于以前的 VB 程序员。

1.4.4 PHP

PHP (Hypertext Preprocessor)是一种跨平台的服务器端的嵌入式脚本语言。它大量地借用 C、Java 和 Perl 语言的语法,并耦合 PHP 自己的特性,使 Web 开发者能够快速地写出动态产生页面。它支持目前绝大多数数据库。PHP 是完全免费的,可以从 PHP 官方站点自由下载。

1.4.5 JSP

JSP(Java Server Pages)是 Sun 公司推出的新一代网站开发语言,Sun 公司借助自己在 Java 上的不凡造诣,将 Java 在 Java 应用程序和 JavaApplet 之外,又有新的硕果,就是 JSP。JSP 可以在 Servlet 和 JavaBean 的支持下,完成功能强大的站点程序。

1.4.6 ASP、JSP、PHP 三者的比较

三者都提供在 HTML 代码中混合某种程序代码、由语言引擎解释执行程序代码的能力。但 JSP 代码被编译成 Servlet 并由 Java 虚拟机解释执行,这种编译操作仅在对 JSP 页面的第一次请求时发生。在 ASP、PHP、JSP 环境下,HTML 代码主要负责描述信息的显示样式,而程序代码则用来描述处理逻辑。普通的 HTML 页面只依赖于 Web 服务器,而 ASP、PHP、JSP 页面需要附加的语言引擎分析和执行程序代码。程序代码的执行结果被重新嵌入到 HTML 代码中,然后一起发送给浏览器。ASP、PHP、JSP 三者都是面向 Web 服务器的技术,客户端浏览器不需要任何附加的软件支持。

1.5 网页制作软件

1.5.1 Dreamweaver

Dreamweaver 是针对专业网页设计师开发的网页制作软件。Dreamweaver 是一款极为优秀的可视化网页设计制作工具和网站管理工具,支持当前最新的 Web 技术,包含 HTML 检查、HTML 格式控制、HTML 格式化选项、可视化网页设计、图像编辑、全局查找替换、全 FTP 功能、处理 Flash 和 Shockwave 等多媒体格式,以及动态 HTML 和基于团队

的 Web 创作等，在编辑模式上允许用户选择可视化方式或源码编辑方式。

借助 Dreamweaver 软件，用户可以快速、轻松地完成设计、开发、维护网站和 Web 应用程序设计的全过程。Dreamweaver 是为设计人员和开发人员构建的，它提供了一个在直观可视布局界面中工作还是在简化编码环境中工作的选择。与 Photoshop、Illustrator、Fireworks、Flash 等软件的智能集成，有效地确保了用户有一个有效的工作平台。

1.5.2　FrontPage

FrontPage 是美国微软公司推出的一款网页设计、制作、发布、管理的软件。FrontPage 由于良好的易用性，被认为是优秀的网页初学者的工具。但其功能无法满足更高的要求。所见即所得结合了设计、代码、预览三种模式于一体，也可一起显示代码和设计视图，与 Microsoft Office 各软件无缝连接，具有良好的表格控制能力，继承了 Microsoft Office 产品系列的良好的易用性。

1.5.3　Flash

Flash 是一种二维动画设计软件，被大量应用于网页矢量动画的设计。Flash 目前已成为 Web 动画的标准。Flash 软件可以实现由一帧帧的静态图片在短时间内连续播放而造成的视觉效果，是表现动态过程、阐明抽象原理的一种重要媒体。

1.5.4　Fireworks

Fireworks 是 Macromedia 公司发布的一款专为网络图形设计的图形编辑软件，它大大简化了网络图形设计的工作难度，无论是专业设计家还是业余爱好者，使用 Fireworks 都不仅可以轻松地制作出十分动感的 GIF 动画，还可以轻易地完成大图切割、动态按钮、动态翻转图等，因此，对于辅助网页编辑来说，Fireworks 将是最大的功臣。借助于 Macromedia Fireworks，可以在直观、可定制的环境中创建和优化用于网页的图像并进行精确控制。它与 Macromedia Dreamweaver 和 Macromedia Flash 共同构成的集成工作流程可以创建并优化图像。利用可视化工具，无须学习代码即可创建具有专业品质的网页图形和动画，如变换图像和弹出菜单等。

1.5.5　Photoshop

Photoshop 是由 Adobe 公司开发的图形图像处理软件，它是目前公认的最好的通用平面设计软件。它功能强大，操作界面友好，集图像扫描、编辑修改、图像制作、广告创意、图像输入与输出于一体，使用它可以加速从想象创作到图像实现的过程，因此，它得到了广大第三方开发厂家的支持，深受广大平面设计人员和电脑美术爱好者的喜爱。

1.5.6　软件间的联系

如果网页中只有静止的图像，那么即使这些图像再怎么精致，也会让人感觉网页缺少生动性和活泼性，会影响视觉效果和整个页面的美观。因此，在网页的制作过程中往往还需要适时地插入一些动态图像。

使用 Photoshop,除了可以对网页中要插入的图像进行调整处理外,还可以进行页面的总体布局并使用切片导出。对网页中所出现的 GIF 图像按钮也可使用 Photoshop 进行创建,以达到更加精彩的效果。如图 1-7 所示即为用 Photoshop 绘制的几个网页按钮。

图 1-7　用 Photoshop 绘制的网页按钮

Photoshop 还可以为创建 Flash 动画所需的素材进行制作、加工和处理,使网页动画中所表现的内容更加精美和引人入胜。

在一般网页设计中,使用 Flash 主要是制作具有动画效果的导航条、Logo 以及商业广告条等,动画可以更好地表现设计者的创意。由于学习 Flash 本身的难度不大,而且制作含有 Flash 动画的页面很容易吸引浏览者,所以 Flash 动画已成为当前网页设计中不可缺少的元素。

Dreamweaver 是一款可视化的网页制作软件,它包含了可视化编辑和 HTML 编辑的软件包。在 Dreamweaver 中可以对 HTML 的网页文件进行视图的可视化编辑,以使没有 HTML 基础的初学者也能轻松地制作出网页,大大降低了网页制作的难度。对于专业的设计者,使用 Dreamweaver 可以在不改变原有编辑习惯的同时,充分享受可视化编辑带来的益处。

在网页设计中,Dreamweaver 主要用于对页面进行布局,即将已经创建完成的文字、图像和动画等元素在 Dreamweaver 中通过一定形式的布局整合为一个页面。此外,在 Dreamweaver 中还可以方便地插入 ActiveX、JavaScript、Java 和 Shockwave 等,从而使设计者可以创建出具有特殊效果的精彩网页。

1.6　网页设计布局

网页可以说是网站构成的基本元素。当我们轻点鼠标,在网海中遨游,一副副精彩的网页会呈现在面前,那么,网页精彩与否的因素是什么呢? 除了色彩的搭配、文字的变化、图片的处理等因素,还有一个非常重要的因素——网页的布局。

网页布局大致可分为“国”字型、拐角型、标题正文型、框架型、封面型、Flash 型。

1.6.1　“国”字型

也可以称为“同”字型,最上面一般是网站的标志、广告以及导航栏;下面是主要内容,左右各有一些栏目,内容主体在中间;最下面是一些网站的基本信息及版权信息。这种结构是国内一些大中型网站常见的布局方式。优点是充分利用版面,信息量大;缺点是页面显得拥挤,不够灵活。布局如图 1-8 所示。

图 1-8 "国"字型页面布局

1.6.2 拐角型

拐角型布局也是一种常见的网页布局,它与"国"字型布局的网页区别在于其内容版块只有一侧。这种布局的网页比"国"字型布局的网页稍微个性化一些,常用于一些娱乐性网站,如图 1-9 所示。

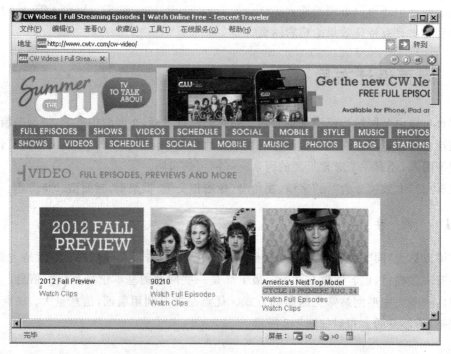

图 1-9 拐角型页面布局

1.6.3 标题正文型

这种类型最上面是标题,下面是正文,比如一些文章页面或注册页面等就是这种类型。布局如图 1-10 所示。

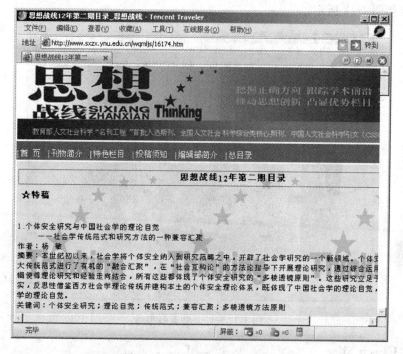

图 1-10 标题正文型页面布局

1.6.4 框架型

一般为上下或左右布局,一栏是导航栏,一栏是正文信息。也有将页面分为三栏的,上面一栏放标题或图片广告,左侧放导航栏,右侧为正文信息。布局如图 1-11 所示。

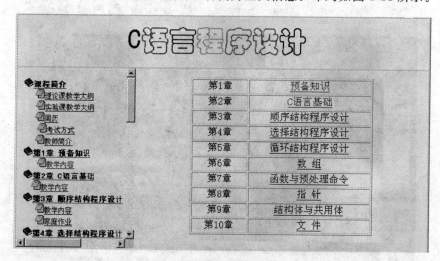

图 1-11 框架型页面布局

1.6.5　封面型

这种类型大部分出现在企业网站和个人网站的首页,给人带来赏心悦目的感觉。大部分为一些精美的平面设计结合一些小的动画,放上几个简单的链接或者仅是一个"进入"的链接。布局如图 1-12 所示。

图 1-12　封面型页面布局

1.6.6　Flash 型

与"封面"型布局结构相似,不同的是采用了 Flash 技术,动感十足,大大增强了页面的视觉效果及听觉效果。布局如图 1-13 所示。

图 1-13　Flash 型页面布局

1.7　网页配色

1.7.1　色彩搭配原则

在选择网页色彩时,除了考虑网站本身的特点外还要遵循一定的艺术规律,从而设计出精美的网页。

1. 色彩的鲜明性

如果一个网站的色彩鲜明,容易引人注意,会给浏览者耳目一新的感觉。

2. 色彩的独特性

网页的用色必须要有自己独特的风格,这样才能给浏览者留下深刻的印象。

3. 色彩的艺术性

网站设计是一种艺术活动,因此必须遵循艺术规律。按照内容决定形式的原则,在考虑网站本身特点的同时,大胆进行艺术创新,设计出既符合网站要求,又具有一定艺术特色的网站。

4. 色彩搭配的合理性

色彩要根据主题来确定,不同的主题选用不同的色彩。例如,用蓝色体现科技型网站的专业,用粉红色体现女性的柔情等。

1.7.2　网页色彩搭配方法

网页配色很重要,网页颜色搭配是否合理会直接影响到访问者的情绪。好的色彩搭配会给访问者带来很强的视觉冲击力,不恰当的色彩搭配则会让访问者浮躁不安。

1. 同种色彩搭配

同种色彩搭配是指首先选定一种色彩,然后调整其透明度和饱和度,将色彩变淡或加深,而产生新的色彩,这样的页面看起来色彩统一,具有层次感。

2. 邻近色彩搭配

邻近色是指在色环上相邻的颜色,如绿色和蓝色、红色和黄色即互为邻近色。采用邻近色搭配可以避免网页色彩杂乱,易于达到页面和谐统一的效果。

3. 对比色彩搭配

一般来说,色彩的三原色(红、绿、蓝)最能体现色彩间的差异,色彩的强烈对比具有视觉诱惑力。对比色可以突出重点,产生强烈的视觉效果。通过合理使用对比色,能够使网站特色鲜明、重点突出。在设计时,通常以一种颜色为主色调,其对比色作为点缀,以起到画龙点睛的作用。

4. 暖色色彩搭配

暖色色彩搭配是指使用红色、橙色、黄色等色彩的搭配。这种色调的运用可为网页营造出稳性、和谐和热情的氛围。

5. 冷色色彩搭配

冷色色彩搭配是指使用绿色、蓝色及紫色等色彩的搭配,这种色彩搭配可为网页营造出宁静、清凉和高雅的氛围。冷色色彩与白色搭配一般会获得较好的视觉效果。

6. 有主色的混合色彩搭配

有主色的混合色彩搭配是指以一种颜色作为主要颜色,同时辅以其他色彩混合搭配,形成缤纷而不杂乱的搭配效果。

7. 文字与网页的背景色对比要突出

文字内容的颜色与网页的背景色对比要突出,底色深,文字的颜色就应浅,以深色的背景衬托浅色的内容(文字或图片);反之,底色淡,文字的颜色就要深些,以浅色的背景衬托深色的内容(文字或图片)。

1.8 网站开发流程

为了加快网站建设的速度和减少失误,应该采用一定的制作流程来策划、设计、制作和发布网站。通过使用制作流程确定制作步骤,以确保每一步顺利完成。好的制作流程能帮助设计者解决策划网站的烦琐性,减小项目失败的风险。其制作流程分为以下三步。

(1)规划项目和采集信息。

(2)网站规划和设计网页。

(3)上传和维护网站阶段。

每个阶段都有独特的步骤,但相连的各阶段之间的边界并不明显。每一阶段并不总是有一个固定的目标,有时候,某一阶段可能会因为项目中未曾预料的改变而更改。步骤的实际数目和名称因人而异。

1.8.1 目标需求分析

需求分析就是分析客户的需求是什么。如果投入大量的人力、物力、财力,开发出的网站却没人要,那所有的投入都是徒劳,因此,网站前期的需求分析是相当重要的。

需求分析之所以重要,因为它具有目的性、方向性、决策性,它在网站开发的过程中具有举足轻重的地位。在一个大型商业网站的开发中,它的作用要远远大于直接设计或编码。简言之,需求分析的任务就是解决“做什么”的问题,就是要全面地理解客户的各项要求,并且能够准确、清晰地表达给参与项目开发的所有成员,保证开发过程按照客户的需求去做,而不是为技术而迁就需求。

为了确定目标,开发小组必须要集体讨论,讨论的目的是让每一个成员都尽可能提出对网站的想法和建议。通过讨论可以确定网站的设计方案。例如,讨论某个公司网站的建设方案时,会包括产品信息、投资者信息、公司新闻、人才引进、员工招聘以及技术支持等部分。通过集体讨论的设计方案,能够兼顾到各方的实际需求和设计开发的技术问题,为成功开发Web网站打下良好的基础。

1.8.2 网页制作

网页制作包括网站的选题、内容采集整理、图片的处理、页面的排版设置、背景及其整套网页的色调等。

1．确定网站主题和名称

在网页设计前,首先要给网站一个准确的定位,从而确定网站的主题与设计风格。网站主题就是网站所要包含的主要内容,一个网站必须要有一个明确的主题。特别是对于个人网站,不可能像综合网站那样做得内容大而全,包罗万象。所以必须要找准一个自己最感兴趣的主题,做深、做透,做出自己的特色,这样才能给用户留下深刻的印象。

一般来说,确定网站的主题时要遵循以下原则。

* 主题鲜明、小而精。在主题范围内做到内容大而全、精而深。
* 主题是自己最擅长、最感兴趣的。找准一个自己最感兴趣的内容做深、做透。
* 体现自己的个性。把自己的兴趣、爱好尽情地发挥出来,突出自己的个性和特色。

2．网站规划

一个网站设计得成功与否,很大程度上取决于设计者的规划水平,规划网站就像设计师设计大楼一样,图纸设计好了,才能建成一座漂亮的楼房。网站规划包含的内容很多,如网站的结构、栏目的设置、网站的风格、颜色搭配、版面布局、文字图片的运用等,只有在制作网页之前把这些方面都考虑到了,才能在制作时驾轻就熟、胸有成竹。制作出来的网页才会有个性、有特色,具有吸引力。

在设计之前,需先画出网站结构图,其中包括网站栏目、结构层次、链接内容。首页中的各功能按钮、内容要点、友情链接等都要体现出来,重点突出,让访问者一眼就能了解这个网站都能提供什么信息,使访问者有一个基本的认识,并且有继续看下去的兴趣。将单项内容交给分支页面去表达,这样才显得页面精练。分支页面内容要相对独立,切忌重复,导航功能要好。

3．搜集素材

明确了网站的主题以后,就要围绕主题开始搜集材料。材料既可以从图书、报纸、光盘、多媒体上得来,也可以从互联网上搜集,并用适当的软件进行加工,作为自己制作网页的素材。

4．图片

除了文字,必须在页面上适当地添加一些图片,达到图文并茂的效果。由于图片的大小在很大程度上影响了网页的传输速度,因此图片不仅要好看,还要在保证图片质量的情况下尽量缩小图片的大小(即字节数),较大的图片可以用 Fireworks "分割"成小图片。另外,网页中最好对图片添加注解,当图片的下载速度较慢,在没有显示出来时注解有助于让浏览者知道这是关于什么的图片。

使用图像一般要注意以下事项。

* 图像为主页的内容服务,不要让整个页面花花绿绿,喧宾夺主。
* 图像要兼顾大小和美观。
* 合理使用 JPEG 和 GIF 格式。一般来说,颜色较少的(在 256 色以内的)图像把它处理成 GIF 格式;颜色比较丰富的图像,最好把它处理成 JPEG 格式。

5．网页排版

网页页面的版面布局是不可忽视的。它很重要的一个原则是合理地运用空间,让网页疏密有致,并井有条,留下必要的空白。版面布局一般遵循的原则是:突出重点、平衡和谐,将网站标志、主菜单等最重要的模块放在最显眼、最突出的位置。同时还要注意其他页面和首页的风格一致性,要有返回首页的链接。

要灵活运用表格、层、框架、CSS样式表来设置网页的版面。为保持网站的整体风格,建议首先制作有代表性的一页,将页面的结构、图片的位置、链接的方式统筹设计周全,例如:返回首页的链接、E-mail地址、版权信息等,然后复制出许多结构相同的页面,再填写相应的内容。这样制作的网页,不仅速度快,而且整体性强。

在Dreamweaver中,可以通过以下手段进行排版。

(1) 利用表格进行排版:表格主要有三个元素:表格、行和列及单元格,而且表格还可以嵌套,建议不要把所有的网页都放在一个大表格中,并且嵌套最好不要超过3层,否则浏览器解析的时间会增加,访问时速度会减慢。

(2) 利用层排版:层很适合形式自由的排版,现在Web标准建议排版时抛弃表格,使用CSS来辅助层可以对网页实现排版,可以解决表格带来的不足。

(3) 利用布局模式进行排版:在Dreamweaver中有专门的布局模式,初学网页设计时可以使用它进行排版。

(4) 利用框架进行排版:它是一种用浏览器窗口显示多个网页的形式,网页格式的课件大部分是用框架做出来的。

6. 颜色搭配

合理地应用色彩是非常关键的,不同的色彩搭配产生不同的效果,并能够影响访问者的情绪。网页的背景应该和整套页面的色调相协调。色彩搭配要遵循和谐、均衡、重点突出的原则。根据心理学家的研究,色彩是最能引起人们奇特的想象,最能拨动感情的琴弦。比如说做的主页是属于感情类的,那最好选用一些玫瑰色、紫色之类的比较淡雅的色彩,而不要用黑色、深蓝色这类比较灰暗的色彩。

7. 其他网页制作技巧

要想让网页更有特色,可适当地运用一些网页制作的技巧,诸如动画、背景音乐、动态网页、Java、Applet等。还可以在网页上添加一个留言板,及时获得浏览者的意见和建议,得到网友反馈的信息,最好能做到有问必答,用行动去赢得更多的浏览者,还可以添加一个计数器以了解首页浏览者的数量。

另外,分支页面的文件存放于单独的文件夹中,图形文件存放于单独的图形文件夹中,网页文件命名时要尽量使用能表达页面内容的英文、汉语拼音、英文缩写、英文原义均可用来命名网页文件。

1.8.3　上传发布

当完成了网站的设计、调试、测试和网页制作等工作后,需要把设计好的站点上传到服务器来完成整个网站的发布。上传网站的形式有多种,如利用Web上传、通过E-mail上传、使用FTP工具上传、利用网页编辑制作软件上传,也可以直接复制文件或者通过命令上传。

Dreamweaver内置了强大的FTP功能,可以帮助用户实现对站点文档的上传和下载。

(1) 在"文件"面板中单击"管理站点",在打开的"管理站点"对话框中单击"新建"按钮,在弹出的菜单中选择"FTP与RDS选项服务器(F)"选项,如图1-14所示。

(2) 在打开的"配置服务器"对话框中,填写"FTP主机"、"登录"、"密码"等项目(图1-15)。

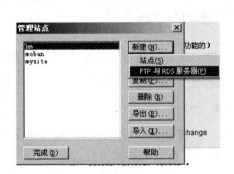

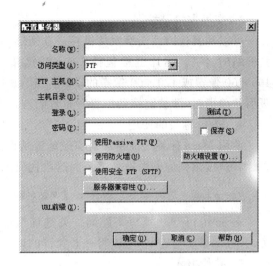

图 1-14 准备链接站点　　　　　　　　　图 1-15 配置服务器信息

在"FTP 主机"文本框中输入服务器的主机名,如 ftp.mindspring.com。不要在主机名前面添加协议名。"主机目录"文本框可以保留为空白。输入用来连接到 FTP 服务器的登录名和密码,然后单击"测试"以测试登录名和密码。单击"确定"按钮,Dreamweaver 将创建到远程文件夹的连接。

(3) 从"文件"面板的下拉菜单中选择本地网站所在的目录,将整个网站所有的文件选中并将其复制。

(4) 最后链接服务器,按 Ctrl＋V 组合键将本地网站的所有文件粘贴到服务器上,此时会弹出"状态"对话框来显示上传信息。

1.8.4 宣传推广

网站开通后,必须进行宣传推广才能变得知名,并带来经济效益。网站的宣传推广有多种方式。

1. 国内知名网站和搜索引擎推广方法

在各大国内知名网站和搜索引擎上登记自己的网站,让别人可以搜索到网站。主要有搜狐(http://www.sohu.com)、新浪网(http://www.sina.com.cn)、雅虎(http://www.yahoo.com)、网易(http://www.163.com)、百度(http://www.baidu.com)等。注册时详尽地填写网站中的一些主要信息,关键词写得普遍化、大众化一些。注册分类的时候尽量分得细一些。

2. 交换广告条

网站推广一个最主要的目的就是增加网站的访问量,彼此交换广告条是推广网站的一个有效的手段,它也可以使你的产品或服务被更多的人看到。我国的广告交换网主要有太极链(http://www.textclick.com)、火炬广告交换网(http://www.yuanjh.heha.net)、网盟广告交换网(http://www.webunion.com)。登录到广告交换网,填写一些主要的信息,例如广告图片、网站网址等。然后它会要求你将一段 HTML 代码加入到网站中。这样,在彼此的网站上就会出现对方的广告条。

3. 交换友情链接

可以和其他网站交换友情链接。友情链接包括文字链接和图片链接。文字链接一般就是网站的名字。图片链接包括 Logo 的链接和 Banner 的链接。标题广告的大小通常为 468×60 像素或 120×60 像素的动（静）态 gif 图片或 Flash 动画。当访问者被广告标题所吸引并单击时，即被链接到广告发布者的网站上，达到网站推广的目的。

4. Meta 标签的使用

使用 Meta 标签是简单而且有效地宣传网站的一种方法。不需要去搜索引擎注册就可以让客户搜索到你的网站。将下面这段代码加入到＜head＞＜/head＞之间。

```
< meta name = "keywords" content = "网站名称, 产品名称……">
```

在 content 里边填写关键词。关键词最好要大众化，跟企业文化、公司产品等紧密相关，并且尽量多写一些，可以将一些关键的词重复，这样可以提高网站的排行。

5. 其他方式

还可以通过 QQ、MSN 等通信工具，把网站地址传给其他潜在访问者。或者在 BBS 上宣传，把网站地址写在签名里。公司可以根据自身的特点选择一些较为便捷有效的方法：例如在跟客户打交道的时候直接将公司网站的网址告诉给客户或者给客户发 E-mail 等，此外还可以通过传统媒体硬广告、软广告和网下活动带动网站的宣传，达到最大程度的推广。

最后网站要注意经常维护更新内容，保持内容的新鲜，只有不断地给它补充新的内容，才能够吸引住浏览者。

习题 1

1. 什么叫 IP 地址？IP 地址由哪几部分组成？什么是域名？IP 地址与域名的关系是什么？

2. DNS 的作用是什么？

3. 已知主机的 IP 地址为：202. 203. 208. 60，请问该主机所在网络的类别、网络号及它的主机号。

4. 静态网页和动态网页的区别是什么？

5. 常用的网页编程技术有哪几种？

6. 常见的网页布局有哪几种？

7. 网站的开发流程是什么？

第 2 章

HTML语言基础

2.1 HTML 简介

超文本标记语言,即 HTML(Hypertext Markup Language),是用于描述网页文档的一种标记语言。HTML 是一种规范,一种标准,它通过标记符号来标记网页中的各个部分。网页文件本身是一种文本文件,通过在文本文件中添加标记符,可以告诉浏览器如何显示其中的内容(如文字如何处理、画面如何安排、图片如何显示等)。浏览器按顺序阅读网页文件,然后根据标记符解释和显示其标记的内容,对书写出错的标记将不指出其错误,且不停止其解释执行过程,编写者只能通过显示效果来分析出错原因和出错部位。

HTML 之所以称为超文本标记语言,是因为文本中包含了所谓"超级链接"点。所谓超级链接,就是一种 URL 指针,通过激活(单击)它,可使浏览器方便地获取新的网页。HTML 文档制作不是很复杂,且功能强大,支持不同数据格式的文件嵌入,具有简易性、可扩展性和平台无关性。

由此可见,网页的本质就是 HTML,通过结合使用其他 Web 技术(如脚本语言、CGI、组件等),可以创造出功能强大的网页。因此,HTML 是 Web 编程的基础,即万维网是建立在超文本基础之上的。

下面建立一个简单的范例。第一步,用记事本建立一个新的文本文件,输入以下代码,保存为 index. html(扩展名也可是. HTM)。然后双击该文件就可以用浏览器将它打开。

【例 2-1】 简单的 HTML 文档。代码如下,页面效果如图 2-1 所示。

```
< html >
< body >
< h1 > My First Heading </h1 >
< p > My first paragraph.</p >
</body ></html >
```

提示:

- <html> 与 </html> 之间的文本描述网页。

- <body> 与 </body> 之间的文本是可见的页面内容。

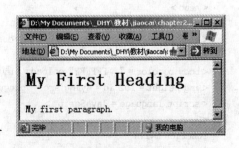

图 2-1 简单的 HTML 文档

- <h1> 与 </h1> 之间的文本被显示为标题1。
- <p> 与 </p> 之间的文本被显示为段落。

2.2　HTML 文件的整体结构

2.2.1　HTML 文件结构

一个网页对应于一个 HTML 文件，HTML 文件以 .htm 或 .html 为扩展名。可以使用任何能够生成 TXT 类型源文件的文本编辑器来产生 HTML 文件。一个完整的 HTML 文件的结构如下。

```
< html >
< head >头部信息</head >
< body >正文信息</body >
</html >
```

HTML 的结构包括头部(Head)、正文(Body)两大部分，<head></head>这 2 个标记符分别表示头部信息的开始和结尾。头部描述浏览器所需的信息，如网页的标题、关键字、样式定义、脚本程序等。头部信息本身不作为内容来显示，但影响网页显示的效果。头部中最常用的标记符是标题标记符 title 和 meta 标记符，其中标题标记符用于定义网页的标题，它的内容显示在网页窗口的标题栏中，网页标题可被浏览器用做书签和收藏清单。

而正文则包含所要说明的具体内容，页面上显示的任何东西都包含在<body></body>这两个正文标记符之中。

每种 HTML 标记符在使用中可带有不同的属性以便对标记符作用的内容进行更详细的控制。

2.2.2　HTML 中 JavaScript 的书写

JavaScript 是一种能让网页更加生动活泼的脚本语言。可以利用 JavaScript 轻易地做出亲切的欢迎信息、漂亮的数字时钟、有广告效果的跑马灯及简易的选举，还可以显示当前系统时间等特殊效果，以提高网页的可观性。

在 HTML 中用<script></script>标记符插入 JavaScript 脚本程序。例如图片水中倒影特效的源程序如下：

```
< html >
< head >
< title >§7.4 图片水中倒影的特效</title >
< meta http - equiv = "Content - Type" content = "text/html; charset = gb2312">
</head >
< body bgcolor = " #FFFFFF" onload = "myf()">
< img height = 102 id = myimg src = "penguin. gif" width = 240 >< BR >
< script language = JavaScript >
<! --
function myf()
{ setInterval("mydiv. filters. wave. phase += 10",100);
}
```

```
if (document.all)
{ document.write('< img id = mydiv src = "' + document.all.myimg.src + '" style = "filter:wave
(strength = 3,freq = 3,phase = 0,lightstrength = 30) blur() flipv()">')
}
-->
</script>
</body>
</html>
```

这称为内嵌脚本,也可以从一个外部文件进行引用,并且只能把它放在文档的头部。例如:

```
< head >
< script src = "path/to/script.js" language = "javascript" type = "text/javascript">
</script>
</head>
```

2.2.3 HTML中样式表的书写

CSS 是英语 Cascading Style Sheets(层叠样式表)的缩写,它是一种用来表现 HTML 或 XML 等文件式样的计算机语言,用来进行网页风格设计。比如,如果想让链接文字未单击时是蓝色的,当鼠标移上去后文字变成红色的且有下划线,这就是一种风格。使用层叠样式表,可以精确指定网页元素的位置,控制网页外观以及创建特殊效果。

在网页上使用样式表有以下三种方法。

(1) 应用内嵌样式到各个网页元素。

(2) 在网页上创建嵌入式样式表。

(3) 将网页链接到外部样式表。

1. 内嵌样式

使用内嵌样式以应用层叠样式表属性到网页元素上。例如段落标记符的内嵌样式属性如下:

```
< p style = "border - style: solid">
```

2. 嵌入式样式表

若只是定义当前网页的样式,可使用嵌入的样式表。嵌入的样式用<style> 标记符"嵌"在网页的<head></head>之间。嵌入的样式表中的样式只能在同一网页上使用。

例如以下定义了名为 s1、s2、s3、s4、s5 五种类样式。

```
< HTML >
< HEAD >< TITLE >字体属性示例</TITLE >
< STYLE >
<! --
    .s1{ font - family:黑体;font - size:x - large; font - style:italic }
    .s2{ font - size:larger}
    .s3{ font - variant:small - caps}
    .s4{ font - weight:bolder}
    .s5{ font:bolder italic 楷体_gb2312}
-->
</STYLE >
```

```
</HEAD>
</HTML>
```

3. 外部样式表

当要在站点上所有或部分的网页上一致地应用相同样式时,可使用外部样式表。在一个或多个外部样式表中定义样式,并将它们链接到所有网页,便能确保所有网页外观的一致性。如果人们决定更改样式,只需在外部样式表中做一次更改,而该更改会反映到所有与该样式表相链接的网页上。通常外部样式表以 .css 作为文件扩展名,例如 mystyles.css。

在<head></head>之间链接外部样式表,例如:

```
<HEAD>
<LINK rel = "stylesheet" type = "text/css" href = "mycss2.css">
</HEAD>
```

2.2.4　HTML 的有关约定

在编辑 HTML 文件和使用有关标记符时有一些约定或默认的要求。

(1) 超文本标记语言源程序的文件扩展名默认使用.htm 或.html。在使用文本编辑器时,注意修改扩展名。

(2) HTML 源程序为文本文件,其列宽可不受限制,即多个标记可写成一行,甚至整个文件可写成一行;若写成多行,浏览器一般忽略文件中的回车符(标记指定除外);对文件中的空格通常也不按源程序中的效果显示。完整的空格可使用特殊符号(实体符)" (注意此字母必须小写,方可空格)"表示非换行空格;表示文件路径时使用符号"/"分隔,文件名及路径描述可用双引号也可不用引号括起。

(3) 标记符中的标记元素用尖括号括起来,带斜杠的元素表示该标记说明结束;大多数标记符必须成对使用,以表示作用的起始和结束;标记元素忽略大小写,即其作用相同。许多标记元素具有属性说明,可用参数对元素做进一步的限定,多个参数或属性项说明次序不限,其间用空格分隔即可;一个标记元素的内容可以写成多行。

(4) 标记符号,包括尖括号、标记元素、属性项等必须使用半角的西文字符,而不能使用全角字符。

(5) 可以在 HTML 文档中加入自己的注释。注释不会显示在页面中,可以为以后维护提供参考思路。HTML 注释内容可插入文本中任何位置。HTML 注释语法为:<!-- 注释的内容 -->,代码如下。

```
<body>
<!-- 我是被注释内容,并且在浏览器中不会显示 -->
我是内容
</body>
```

2.3　HTML 常用标记符

2.3.1　HTML 常用标记符功能分类

HTML 标记符按功能类别排列如表 2-1 所示。

表 2-1 常用 HTML 标记符功能一览表

标 签	描 述
<!DOCTYPE>	定义文档类型
<html>	定义 HTML 文档
<body>	定义文档的主体
<h1> ～ <h6>	定义 HTML 标题
<p>	定义段落
 	定义换行
<hr>	定义水平线
<!--…-->	定义注释
<b>	定义粗体文本
<font>	定义文本的字体、尺寸和颜色
<i>	定义斜体文本
<em>	定义强调文本
<big>	定义大号文本
<strong>	定义语气更为强烈的强调文本
<small>	定义小号文本
<sup>	定义上标文本
<sub>	定义下标文本
<u>	定义下划线文本
<pre>	定义预格式文本
<code>	定义计算机代码文本
<tt>	定义打字机文本
<kbd>	定义键盘文本
<var>	定义文本的变量部分
<dfn>	定义项目
<samp>	定义计算机代码样本
<acronym>	定义只取首字母的缩写
<abbr>	定义缩写
<address>	定义文档作者或拥有者的联系信息
<blockquote>	定义块引用
<center>	定义居中文本
<q>	定义短的引用
<cite>	定义引用(citation)
<ins>	定义被插入文本
<del>	定义被删除文本
<s>	定义加删除线的文本
<strike>	定义加删除线的文本
<a>	定义锚
<link>	定义文档与外部资源的关系
<frame>	定义框架集的窗口或框架
<frameset>	定义框架集
<noframes>	定义针对不支持框架的用户的替代内容
<iframe>	定义内联框架

标　签	描　述
<form>	定义供用户输入的 HTML 表单
<input>	定义输入控件
<textarea>	定义多行的文本输入控件
<button>	定义按钮
<select>	定义选择列表(下拉列表)
<optgroup>	定义选择列表中相关选项的组合
<option>	定义选择列表中的选项
<label>	定义 input 元素的标注
<fieldset>	定义围绕表单中元素的边框
<legend>	定义 fieldset 元素的标题
<isindex>	定义与文档相关的可搜索索引
<ul>	定义无序列表
<ol>	定义有序列表
<li>	定义列表的项目
<dir>	定义目录列表
<menu>	定义菜单列表
<img>	定义图像
<map>	定义图像映射
<area>	定义图像地图内部的区域
<table>	定义表格
<caption>	定义表格标题
<th>	定义表格中的表头单元格
<tr>	定义表格中的行
<td>	定义表格中的单元格
<thead>	定义表格中的表头内容
<tbody>	定义表格中的主体内容
<tfoot>	定义表格中的表注内容(脚注)
<col>	定义表格中一个或多个列的属性值
<colgroup>	定义表格中供格式化的列组
<style>	定义文档的样式信息
<div>	定义文档中的节
<span>	定义文档中的节
<head>	定义关于文档的信息
<title>	定义文档的标题
<meta>	定义关于 HTML 文档的元信息
<base>	定义页面中所有链接的默认地址或默认目标
<basefont>	定义页面中文本的默认字体、颜色或尺寸
<script>	定义客户端脚本
<noscript>	定义针对不支持客户端脚本的用户的替代内容
<applet>	定义嵌入的 applet
<object>	定义嵌入的对象
<param>	定义对象的参数

2.3.2 HTML 基本标记符

1. <html>

标识 HTML 文件的开始和结束。

2. <head>

标识 HTML 文件头部信息,包含很多网页的属性信息,如网页标题、关键字、网页内码等。<head>与</head>之间的内容不会在浏览器的文档窗口显示,但是其间的元素有特殊重要的意义。

3. <title>

<title>元素定义 HTML 文档的标题。<title>与</title>之间的内容将显示在浏览器窗口的标题栏。

4. <body>

<body>元素表明是 HTML 文档的正文部分。在<body>与</body>之间,通常都会有很多其他元素;这些元素和元素属性构成 HTML 文档的主体部分。<body>元素中有下列元素属性。

1) bgcolor

bgcolor 属性设置 HTML 文档的背景颜色。例如:

```
< body bgcolor = " #CCFFCC">
```

在 HTML 中对颜色可使用两种方法说明颜色属性值,即颜色名称(英文名)和颜色值,如"red"表示红色。也可以用十六进制的 RGB 颜色值对颜色进行控制,用 6 个十六进制数来分别描述红、绿、蓝三原色的强度——称为 RGB 值,每两个十六进制数表示一种颜色。使用颜色值时,应在值前冠以"#"号(表 2-2)。

表 2-2　HTML 常见颜色名和颜色值

颜色	颜色名	RGB 值	颜色	颜色名	RGB 值
黑色	Black	#000000	白色	White	#ffffff
银色	Silver	#c0c0c0	黄色	Yellow	#ffff00
红色	Red	#ff0000	绿色	Green	#00ff00
蓝色	Blue	#0000ff	海蓝色	Aqua	#00ffff

2) background

background 属性设置 HTML 文档的背景图片。可以使用的图片格式为 GIF、JPEG。例如:

```
< body background = "images/bg.gif">
```

3) bgproperties

bgproperties=fixed 使背景图片成水印效果,即图片不会随着滚动条的滚动而滚动。例如:

```
< body bgproperties = "fixed">
```

4) text

text 属性设置 HTML 文档的正文文字颜色,默认为黑色。例如:

```
< body text = "♯FF6666">
```

text 属性定义的颜色将应用于整篇文档。

5）超级链接颜色

link、vlink、alink 分别设置普通超级链接、访问过的超级链接、当前活动超级链接的颜色。

6）leftmargin 和 topmargin

设置网页主体内容距离网页顶端和左端的距离。例如：

```
< body leftmargin = "20" topmargin = "30">
```

5. <h1>~<h6>

HTML 用<h1>到<h6>这几个标记符来定义正文标题，从大到小。<h1>字体最大，<h6>字体最小。每个正文标题自成一段。

【例 2-2】 网页 6 级标题的设置。代码如下，页面效果如图 2-2 所示。

```
< html >
< head ></head >
< body >
< h1 > This is a heading </h1 >
< h2 > This is a heading </h2 >
< h3 > This is a heading </h3 >
< h4 > This is a heading </h4 >
< h5 > This is a heading </h5 >
< h6 > This is a heading </h6 >
</body >
</html >
```

图 2-2　6 级标题效果

6. <p>

在 HTML 里用<p>和</p>划分段落。例如：

```
<p>这是第一段。</p>
<p>这是第二段。</p>
```

7.

通过使用
，可以在不新建段落的情况下换行。例如：

```
<p> This < br > is a para < br > graph with line breaks </p>
```

8. HTML 注释

在 HTML 文件里，可以写代码注释，解释说明代码，这样有助于他人能够更好地理解代码。注释写在<!--和-->之间。浏览器忽略注释。

```
<! -- This is a comment -->
```

9. <meta>

<meta>元素可以插入很多很有用的元素属性。下面介绍 4 种。

1）标记页面关键词

```
< meta name = "keywords" content = "study,computer">
```

2）标记文档作者

```
< meta name = "author" content = "ding haiyan">
```

3）标记页面解码方式

```
< meta http - equiv = "Content - Type" content = "text/html; charset = gb2312">
```

4）自动刷新网页

```
< meta http - equiv = "refresh" content = "5;URL = http://www.enet.com.cn/eschool">
```

10. ＜hr＞

用＜hr＞在网页中插入一条水平线。

【例2-3】 插入水平线。代码如下,页面效果如图2-3所示。

```
< html >
< body >
< p >用 hr 这个 Tag 可以在 HTML 文件里加一条横线。</p>
< hr >
< p >网页设计与制作。</p>
< hr >
</body>
</html>
```

11. 字体标记符＜font＞

通过使用＜font＞标记符的 size、face 和 color 属性可以定义文字的大小、字体和颜色。

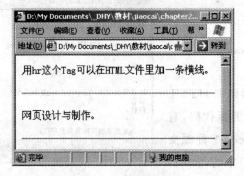

图 2-3 水平线效果

图 2-4 字体标记符

【例2-4】 字体标记符。代码如下,页面效果如图2-4所示。

```
< html >
< head ></head>
< body >< font size = "5" face = "隶书" color = "blue">
云南大学信息学院</font >
</body>
</html>
```

但在最新的 HTML 版本中,字体标签已被废弃。用样式表(CSS)来定义布局以及显示 HTML 元素的属性。例如:

```
< html >
< body >
< h1 style = "font - family:verdana"> A heading </h1 >
< p style = "font - family:courier"> A paragraph </p >
</body >
</html >
```

2.4　常用文本格式标记符

HTML 可定义很多供格式化输出的元素，比如粗体和斜体字。下面是常用的文本格式标记符。

<b>表示粗体 bold，<i>表示斜体 italic，<del> 表示文字加删除线，<ins> 表示文字下划线，<sub> 表示下标，<sup> 表示上标，<blockquote> 内容缩进表示引用，<pre> 保留空格和换行，<code> 表示等宽字体。

【例 2-5】　文本格式举例。代码如下，页面效果如图 2-5 所示。

```
< html >< body >
< p >< del >< b >粗体用 b 表示。</b ></del ></ins >< i >斜体用 i 表示。</i ></ins ></p >
< p >X < sub > 2 </sub >其中的 2 是下标，X < sup > 2 </sup >其中的 2 是上标</p >
< p >< blockquote >好好学习，天天向上。</blockquote ></p >
< pre >
这是预设文本.在 pre 这个 tag 里的文本
保留　　空格和
换行。
</pre >
< code > code 里显示的字符是等宽字符。</code >
</body ></html >
```

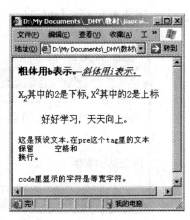

图 2-5　文本显示效果

在浏览器看到的 HTML 网页，是浏览器解释 HTML 源代码后产生的结果。要查看网页 HTML 的源代码，有两种方法。一是右击鼠标，单击 View Source（查看源文件）命令；二是选择浏览器菜单 View（查看）中的 Source（源文件）命令。

2.5　超链接标记符<A>

2.5.1　超链接的定义

HTML 用<a>来表示超链接，英文叫 anchor。超链接可以是文字，也可以是一幅图像，可以单击这些内容来跳转到新的文档或者当前文档中的某个部分。

通过使用 <a> 标签在 HTML 中创建链接。有以下两种使用 <a> 标签的方式。

• 通过使用 href 属性创建指向另一个文档的链接。

- 通过使用 name 属性创建文档内的书签。

＜a＞可以指向任何一个文件源：一个 HTML 网页、一个图片、一个影视文件等。格式如下。

```
< a href = "url">链接的显示文字</a>
```

单击＜a＞＜/a＞当中的内容，即可打开一个链接文件。

2.5.2 超链接＜A＞的属性

1. href 属性
表示这个链接文件的路径。比如链接到云南大学站点首页，表示如下。

```
< a href = "http://www.ynu.edu.cn">云南大学</a>
```

也可以链接到电子邮件，单击这个链接，就会触发邮件客户端，比如 Outlook Express，然后显示一个新建邮件的窗口，表示如下。

```
< a href = "mailto:info@sina.com">联系新浪</a>
```

2. target 属性
target 属性，指定链接文件的打开方式，有以下 4 种属性值。

- target＝"_blank"   在新的浏览器窗口里打开链接文件。
- target＝"_self"   默认值，使用链接所在的同一框架或窗口加载链接文件。
- target＝"_parent"   在链接所在框架的父框架或父窗口加载链接文件。
- target＝"_top"   在链接所在的同一框架或窗口加载链接文件。

3. title 属性
使用 title 属性，可以让鼠标悬停在超链接上的时候，显示该超链接的文字注释。例如：

```
< a href = "http://www.ynu.edu.cn" title = "云南大学网站">云南大学</a>
```

4. name 属性
使用 name 属性，可以跳转到一个文件的指定部位。使用 name 属性，一是要设定 name 的名称，二是要设定一个 href 指向这个 name。例如：

```
< a href = "♯C1">参见第一章</a>
< a name = "C1">第一章</a>
```

【例 2-6】 超链接例子。代码如下，页面效果如图 2-6 所示。

```
< html >
< body >
< p >< a href = "2 - 5.htm" target = "_blank">例 2 - 5 </a> 是一个
页面链接。</p>
< p >< a href = "http://www.ynu.edu.cn" title = "云南大学" >云南大学</a> </p>
</body ></html>
```

图 2-6 超链接效果

2.6 表格

2.6.1 表格的概念

表格是一种在 HTML 页面上布置数据和图像的非常强大的工具。表格为 Web 设计者提供了向页面添加垂直和水平结构的办法。表格由三个基本组件构成：行、列和单元格。

表格在网页制作中有着举足轻重的地位，很多网站的页面都是以表格为框架制作的，这是因为表格在内容的组织、页面中文本和图形的位置控制方面都有很强的功能，灵活、熟练地使用表格，会使用户在网页制作中如虎添翼。

2.6.2 表格的定义

表格由 <table> 标签来定义。每个表格均有若干行（由 <tr> 标签定义），每行被分割为若干单元格（由 <td> 标签定义）。字母 td 指表格数据（table data），即数据单元格的内容。数据单元格可以包含文本、图片、列表、段落、表单、水平线、表格等。

1. 基本表格标记<table>

```
< table border = "1">
< tr >< td >第 1 行第 1 列</td >< td >第 1 行第 2 列</td ></tr >
< tr >< td >第 2 行第 1 列</td >< td >第 2 行第 2 列</td ></tr >
</table >
```

注意：使用边框属性<table border="1">来显示一个带有边框的表格。如果 border="0"，表格将不显示边框。

2. 表头标记<th>
表格的表头使用 <th> 标签进行定义。

```
< table border = "1">
< tr >< th > Heading </th >< th > Another Heading </th ></tr >
< tr >< td >第 1 行第 1 列</td >< td >第 1 行第 2 列</td ></tr >
< tr >< td >第 2 行第 1 列</td >< td >第 2 行第 2 列</td ></tr >
</table >
```

3. 表格标题标记<caption>
用<caption>标记符给表格加标题。例如：

```
< table border = "1">
< caption >课程表</caption >
< tr >< td >第 1 行第 1 列</td >< td >第 1 行第 2 列</td ></tr >
< tr >< td >第 2 行第 1 列</td >< td >第 2 行第 2 列</td ></tr >
</table >
```

4. cellpadding 属性和 cellspacing 属性
用 cellpadding 属性设置单元格里面的内容与单元格边框的距离。
用 cellspacing 属性设置单元格与单元格之间的距离。
如< table cellpadding="10" cellspacing="10" >。

5．rowspan 属性和 colspan 属性

使用 rowspan 属性或 colspan 属性定义跨行或跨列的表格单元格。

【例 2-7】　基本表格举例，如图 2-7 所示。

```
< html >
< body >
< h4 >横跨两列的单元格：</h4 >
< table border = "1" cellspacing = "5" cellpadding = "5">
< caption >联系电话</caption >
< tr >< th >姓名</th >< th colspan = "2">电话</th ></tr >
< tr >< td > Bill Gates </td >< td > 5033956 </td >< td > 5066945 </td ></tr >
</table >
< h4 >横跨两行的单元格：</h4 >
< table border = "1">
< tr >< th >姓名</th >< td > Bill Gates </td ></tr >
< tr >< th rowspan = "2">电话</th >< td > 3320955 </td ></tr >
< tr >< td > 3304876 </td ></tr >
</table >
</body >
</html >
```

6．表格的背景色和背景图

在<table>标记符中用属性 bgcolor 设置表格的背景色，用属性 background 设置表格的背景图片。

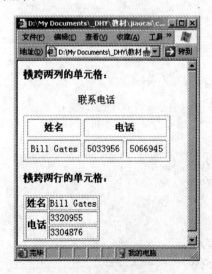

图 2-7　基本表格举例

图 2-8　表格背景色与背景图

【例 2-8】　表格的背景色与背景图。代码如下，页面效果如图 2-8 所示。

```
< html >
< body >
< h4 >背景颜色：</h4 >
< table border = "1" bgcolor = "red">
< tr >< td > First </td >< td > Row </td ></tr >
```

```
< tr >< td > Second </td >< td > Row </td ></tr >
</table >
< h4 >背景图像: </h4 >
< table border = "1" background = "2.jpg">
< tr >< td > First </td >< td > Row </td ></tr >
< tr >< td > Second </td >< td > Row </td ></tr >
</table >
</body >
</html >
```

7. 对齐方式

表格或单元格内容在水平方向上的对齐方式有三种,用属性 align 设置。例如:

```
< table align = "left|center|right">或者< td align = "left|center|right">
```

单元格内容在垂直方向上的对齐方式也有三种,用属性 valign 设置。例如:

```
< td valign = "top|middle|bottom">
```

【例 2-9】 单元格内容的对齐方式。代码如下,页面效果如图 2-9 所示。

```
< html >
< body >
< table width = "291" height = "193" border = "1" align = "center">
< tr >
 < th width = "99" align = "left">消费项目...</th >
 < th width = "71" align = "right">一月</th >
 < th width = "75" align = "right">二月</th >
</tr >
< tr >
 < td align = "left">衣服</td >
 < td align = "right" valign = "top"> $ 241.10 </td >
 < td align = "right" valign = "top"> $ 50.20 </td >
</tr >
< tr >
 < td align = "left">化妆品</td >
 < td align = "right" valign = "middle"> $ 30.00 </td >
 < td align = "right" valign = "middle"> $ 44.45 </td >
</tr >
< tr >
 < td align = "left">食物</td >
 < td align = "right" valign = "bottom"> $ 730.40 </td >
 < td align = "right" valign = "bottom"> $ 650.00 </td >
</tr >
< tr >
 < th align = "left">总计</th >
 < th align = "center" valign = "middle"> $ 1001.50 </th >
 < th align = "center" valign = "middle"> $ 744.65 </th >
</tr >
</table ></body >
</html >
```

图 2-9　单元格内容对齐方式的效果

2.7　HTML 列表

2.7.1　有序列表

有序列表是一个项目的列表,列表项目使用数字进行标记。有序列表始于<ol> 标签。每个列表项始于<li> 标签。列表项内部可以使用段落、换行符、图片、链接以及其他列表等。

```
< ol >
< li > Coffee </li>
< li > Milk </li>
</ol >
```

2.7.2　无序列表

无序列表是一个项目的列表,列表项目使用粗体圆点(典型的小黑圆圈)进行标记。无序列表始于 < ul > 标签。每个列表项始于 < li >。列表项内部可以使用段落、换行符、图片、链接以及其他列表等。

```
< ul >
< li > Coffee </li>
< li > Milk </li>
</ul >
```

【例 2-10】　不同类型的无序列表。代码如下,页面效果如图 2-10 所示。

```
< html >
< body >
< h4 > Disc 项目符号列表: </h4>
< ul type = "disc">
< li >苹果</li>
< li >香蕉</li>
</ul >
< h4 > Circle 项目符号列表: </h4>
< ul type = "circle">
```

```
<li>苹果</li>
<li>香蕉</li>
</ul>
<h4>Square 项目符号列表：</h4>
<ul type="square">
<li>苹果</li> <li>香蕉</li>
</ul>
</body>
</html>
```

图 2-10　不同类型的无序列表

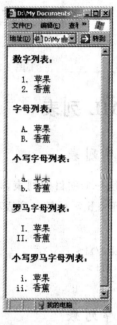

图 2-11　不同类型的有序列表

【例 2-11】　不同类型的有序列表。代码如下，页面效果如图 2-11 所示。

```
<html>
<body>
<h4>数字列表：</h4>
<ol>
  <li>苹果</li>
  <li>香蕉</li></ol>
<h4>字母列表：</h4>
<ol type="A">
  <li>苹果</li>
  <li>香蕉</li></ol>
<h4>小写字母列表：</h4>
<ol type="a">
  <li>苹果</li>
<li>香蕉</li></ol>
<h4>罗马字母列表：</h4>
<ol type="I">
  <li>苹果</li>
```

```
  <li>香蕉</li>
</ol>
<h4>小写罗马字母列表：</h4>
<ol type = "i">
  <li>苹果</li>
<li>香蕉</li>
</ol>
</body>
</html>
```

2.8 图像

2.8.1 图像的基本知识

图片文件的格式非常多，如 GIF、JPEG、BMP、PCX、PNG、TIFF、WMF 等。这些图片多数都能插入到网页中，不过，为适应网络传输和网页浏览的需要，在网页中最常用的图片格式是 GIF 格式和 JPEG 格式的图片。

1. GIF 图像

GIF 是 Graphical Interchange Format 的缩写，是网页中使用最多的一种图像，它采用无损压缩技术，图像数据量小，解压速度快，传输便捷，支持透明特性。GIF 格式的图片实际上包括两种类型，一种是静态的图片，另一种是动态的图片，这两种类型的图片都被广泛地使用。

2. JPEG 图像

JPEG 是 Join Photographic Experts Group 的缩写，这种图像的颜色丰富，GIF 图像只有 256 种颜色，而 JPEG 图像可达 1670 万种颜色，常用 JPEG 图像存储色彩比较丰富的画面，如风景画、照片等。由于 JPEG 图像采用了压缩比更高的压缩技术，所以图像文件的数据量也很小，上传和下载速度很快。

在 HTML 中，图像由 <img> 标签定义。<img> 只包含属性，没有闭合标签。

2.8.2 图像的使用

1. 源属性（src）

src 指 source。源属性的值是图像的 URL 地址。定义图像的语法是：<img src="url">。

2. 替换文本属性（Alt）

alt 属性用来为图像定义一串预备的可替换的文本。在浏览器无法载入图像时，浏览器将显示这个替代性的文本而不是图像。

```
< img src = "boat.gif" alt = "Big Boat">
```

【例 2-12】 图像的基本用法。代码如下，页面效果如图 2-12 所示。

```
<html>
<body>
<p>一幅图像：
```

```
< img src = "eg_mouse.jpg" width = "128" height = "128" alt = "mouse"></p>
</body >
</html >
```

3. 页面背景图像

在<body>中用属性 background＝"eg_background.jpg" 设置网页背景图像,GIF 和 JPEG 文件均可用做页面背景。如果图像小于页面,图像会进行重复平铺。

图 2-12　插入图片

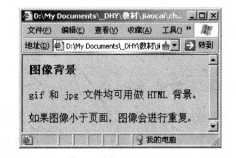

图 2-13　页面背景图像效果

【例 2-13】　网页背景图像,代码如下,页面效果如图 2-13 所示。

```
< html >
< body background = "eg_background.jpg">
< h3 >图像背景</h3 >
< p > gif 和 jpg 文件均可用做 HTML 背景。</p >
< p >如果图像小于页面,图像会进行重复。</p >
</body ></html >
```

4. 文字和图像混排

图像旁边的文字与图像在垂直方向上的位置有三种:文字在图片的顶部、中部和底部。bottom 对齐方式是默认的对齐方式。

【例 2-14】　文字与图像的混排。代码如下,页面效果如图 2-14 所示。

```
< html >< body >
< p >< img src = " eg_cute.gif " align = "bottom"> 文本在图像底部对齐</p >
< p >< img src = " eg_cute.gif " align = "middle"> 文本在图像中部对齐</p >
< p >< img src = " eg_cute.gif" align = "top"> 文本在图像顶部对齐</p >
</body ></html >
```

5. 段落与图像的混排

在实际应用中常用的是段落与图像的混排,不仅可以规定段落与图像的排列关系:图像在左边和图像在右边,还可以指定段落与图像之间的距离。

【例 2-15】　图像与段落混排。代码如下,页面效果如图 2-15 所示。

```
< html >
< body >
< p >< img src = "eg_cute.gif" align = "left">
```

带有图像的一个段落。图像的 align 属性设置为 "left"。图像将浮动到文本的左侧。</p>
< p >< img src = "eg_cute.gif" align = "right">
带有图像的一个段落。图像的 align 属性设置为 "right"。图像将浮动到文本的右侧。</p>
</body>
</html>

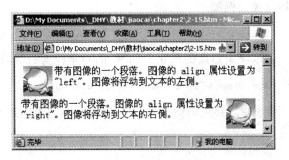

图 2-14   图像和文本对齐方式   图 2-15   图像与段落混排

6. 图片的宽、高属性

<img>的 width 属性设置图片显示的宽度，height 属性设置图片显示的高度，单位为像素。例如：

```
< img src = "eg_mouse.jpg" width = "50" height = "50">
```

则显示的图片宽度和高度均为 50 像素。

7. 图像作超链接

也可以把图像作为链接来使用，将<img>括在<a>…</a>之间。

【例 2-16】 图像作超链接。代码如下，页面效果如图 2-16 所示。

```
< html >
< body >
<p>可以把图像作为链接来使用：
< a href = "2 - 17. htm">< img border = "0" src = "eg_buttonnext.gif" /></a></p>
</body>
</html>
```

8. 图像热点链接

图像热点就是一幅图像中划分出来的若干个区域，可以为每个区域创建不同的超级链接，单击图像中的不同区域可以跳转到不同的目标页面。图像热点链接通常用于电子地图、页面导航图等。

1）<map>标记符

<map>标记符用于设定图像热点的作用区域，并为指定的图像地图设定名称。语法如下。

图 2-16   图像作超链接

```
<map name="图像地图名称" id="图像地图名称">…</map>
```

2）＜area＞标记符

＜area＞标记用于图像热点，通过该标记可以在图像地图中设定作用区域（又称热点），当用户单击某个热点时，会链接到设定好的页面。语法如下：

```
<area class="type" id="value" href="url" alt="text" shape="area-shape" coords="value">
```

href 用于设定热点所链接的 URL 地址。shape 和 coords 分别用于设定热点的形状和坐标位置。例如：

```
<area shape="circle" coords="180,139,14" href="eg_venus.jpg">
```

表示设定热点的形状为圆形，圆心坐标为(180,139)，半径为 14。

```
<area shape="rect" coords="103,6,153,49" href="eg_venus.jpg">
```

表示设定热点的形状为矩形，左上顶点的坐标为 (103,6)，右下顶点的坐标为(153,49)。

```
<area shape="poly" coords="14,14,31,6,39,19,26,37,11,28,37,31,6,37" href="eg_venus.jpg">
```

表示设定热点的形状为多边形，各顶点的坐标依次为(14,14)，(31,6)，(39,19)，(26,37)，(11,28)，(37,31)，(6,37)。

【例 2-17】 热点链接。代码如下，页面效果如图 2-17 所示。

```
<html>
<body>
<p>请单击图像上的星球，把它们放大。</p>
<img src="eg_planets.jpg" border="0" usemap="#planetmap" alt="Planets" />
<map name="planetmap" id="planetmap">
<area shape="circle" coords="180,139,14" href="eg_venus.jpg"
target="_blank" alt="Venus" />
<area shape="circle" coords="129,161,10" href="eg_venus.jpg"
target="_blank" alt="Mercury" />
<area shape="rect" coords="0,0,110,260" href="eg_sun.jpg"
target="_blank" alt="Sun" />
</map>
</body>
</html>
```

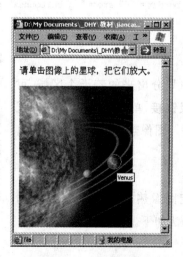

图 2-17　图像热点

注：<img> 元素中的 "usemap" 属性引用 map 元素中的 "id" 或 "name" 属性(根据浏览器)，所以同时向 map 元素添加了 "id" 和 "name" 属性。

2.9 框架

2.9.1 框架的概念

框架是一种页面布局方式，它将浏览器窗口按照功能分割成若干个窗口，每个窗口加载各自的 HTML 页面，并且按照一定的组合方式组合在一起，这样可以在一个浏览器窗口中浏览不同的页面。每个窗口称为一个框架，要将浏览器窗口划分成 N 个框架，需要保存成 $N+1$ 个网页，即 N 个框架页面和一个框架集网页，框架集网页的结构如下。

```
<html>
<head><title>…</title></head>
<frameset>
<frame src = "url">
<frame src = "url">
…
</frameset>
</html>
```

FRAMESET 元素是 FRAME 元素的容器。HTML 文档可包含 FRAMESET 元素或 BODY 元素之一，但不能同时包含两者。

2.9.2 <frameset>标记符

<frameset>在框架中的地位就相当于<body>中普通单窗口页面中的地位，用<frameset>…</frameset>标志页面主体部分的起止位置，<frameset>标记决定怎样划分窗口以及每个窗口的位置和大小。语法如下。

```
<frameset cols = n   row = n   frameborder = yes|no|1|0   border = n   bordercolor = #n
framespacing = n>
```

- cols——定义了框架含有多少列及列宽(每个值使用逗号分隔)，取值为像素(px)或者百分比(%)。
- rows——定义了框架含有多少行及行高(每个值使用逗号分隔)，取值为像素(px)或者百分比(%)。

cols 和 rows 属性决定窗口是如何划分的。cols 表示按列划分成左右窗口，各分窗口的宽度可以用占整个浏览器窗口的百分比来表示。

例如<frameset cols="30%,40%,*">表示按列在水平方向上划分成三个窗口，每个窗口的宽度分别占整个浏览器窗口的 30%、40%和 30%。"*"表示剩余的宽度。

如果在星号前放置一个整数值，相应的行或列就会相对地获得更多的可用空间。

例如<frameset cols="10%,3*,*,*">它生成了 4 列：第一列占据整个框架集宽度的 10%。然后浏览器把其他空间的 3/5 分配给第二个框架，第三个和第四个框架各分配其余空间的 1/5。

Rows 表示按行在垂直方向上划分成上下窗口,各窗口的高度可用占整个窗口的百分比来表示。

例如<frameset rows="30%,40%,*">表示按行在垂直方向上划分成三个窗口,每个窗口的高度分别占整个浏览器窗口的30%、40%和30%。"*"表示剩余的高度。

frameborder 指定各分窗口是否要加边框。如果有边框的话,用 border 参数指定边框的宽度,用 bordercolor 指定边框的颜色。framespacing 用于设定各分窗口之间的大小,默认值是 0。

2.9.3 ＜frame＞标记符

＜frameset＞用于分割窗口,而＜frame＞标记用在＜frameset＞标记当中,可以定义一个分窗口的各种属性。Frame 标签定义了放置在每个框架中的 HTML 文档。语法如下。

```
< frame name = framename   scr = url   noresize   scrolling = yes|no|auto frameborder = yes|no
bordercolor = ♯n marginheight = n   marginwidth = n>
```

＜frame＞的常用属性如下。

1. name 属性

用来为每个框架文档设置名称,通过 name 属性和相应的链接文件,可以指定在哪个窗口打开文档。

2. src 属性

用于指定框架文档的来源,值是一个框架文档的 URL 地址。

3. scrolling 属性

用来确定框架窗口是否出现滚动条。有 3 种取值：auto、yes 和 no。选择 auto 时,如果文档内容超出了框架的大小将自动出现滚动条。

【例 2-18】 垂直框架。代码如下,页面效果如图 2-18 所示。

```
< html >
< frameset cols = "25 % ,50 % ,25 % ">
  < frame src = "frame/frame_a. html">
  < frame src = "frame/frame_b. html">
  < frame src = "frame/frame_c. html">
</frameset >
</html >
```

浏览器窗口按列分成了三个窗口,宽度分别占 25%、50%和 25%。

【例 2-19】 水平框架。代码如下,运行效果如图 2-19 所示。

```
< html >
< frameset rows = "25 % ,50 % ,25 % ">
  < frame src = "frame/frame_a. html">
  < frame src = "frame/frame_b. html">
  < frame src = "frame/frame_c. html">
</frameset >
</html >
```

浏览器窗口按行分成了三个窗口,高度分别占 25％、50％和 25％。

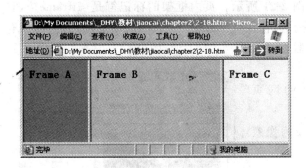

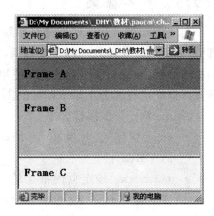

图 2-18　垂直框架图　　　　　　　　　图 2-19　水平框架

2.9.4　嵌套框架

在一个框架中还可以再嵌套另一个框架,形成多级嵌套框架。

【例 2-20】　嵌套框架。代码如下,页面效果如图 2-20 所示。

```html
<html>
<frameset rows="50%,50%">
    <frame src="frame/frame_a.html" noresize>
    <frameset cols="25%,75%">
        <frame src="frame/frame_b.html" noresize scrolling="no">
        <frame src="frame/frame_c.html">
    </frameset>
</frameset>
</html>
```

首先这是一个上下框架,上面加载的是 frame_a.html,下面又嵌套了一个左右框架,左边加载的是 frame_b.html,右边加载的是 frame_c.html。由于 A 窗口和 B 窗口设置了 noresize,所以大小不可以调整。由于设置了 scrolling="no",因此 B 窗口不会出现滚动条。

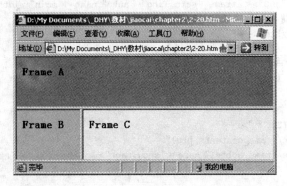

图 2-20　嵌套框架

2.9.5 页内框架

与框架结构网页将整个浏览器划分成多个区域不同,页内框架是作为网页的一个组成部分,因此可以获得较好的布局效果,如图 2-21 所示。页内框架的标记符是＜iframe＞,它是插入到网页中作为一个对象来使用的。包含在＜iframe＞＜/frame＞之间的内容,只有不支持框架或设置为不显示框架的浏览器才显示。

iframe 标记符的属性如下。

* src:指定在页内框架中显示的网页的 URL。
* width＝x:指定页内框架的宽,x 为像素值或相对于窗口宽度的百分比。
* height＝y:指定页内框架的高,y 为像素值或相对于窗口高度的百分比。
* align＝top|middle|bottom|right|left:指定页内框架的对齐方式。
* frameborder＝1|0:指定页内框架是否使用边框。

图 2-21 页内框架

* name:指定页内框架的名字。
* scrolling＝yes|no|auto:指定页内框架是否加滚动条。
* marginwidth＝x:指定页内框架水平方向上内容与边框的距离,x 为像素值。
* marginheight＝y:指定页内框架垂直方向上内容与边框的距离,y 为像素值。

【例 2-21】 页内框架。代码如下,页面效果如图 2-22 所示。

```
< html >< head >
< title >无标题文档</title ></head >
< body >
< table width = "800" height = "546" border = "1" align = "center">
< tr >< td height = "36" align = "center"><a href = "http://www.163.com" target = "main">网易</a
>< a href = "http://www.21cn.com" target = "main"> 21cn </a >< a href = "http://www.sina.com"
target = "main">新浪 </a></td></tr>
< tr >< td height = "500">< iframe  scrolling = "auto" name = "main" width = "800" height = "500"
>真可惜!您的浏览器不支持框架!</iframe></td></tr>
</table></body></html >
```

【例 2-22】 导航框架。

框架集网页 2-22.htm 代码如下。

```
< html >
< frameset cols = "120, * ">
< frame src = "frame/frame_contents.html">
< frame src = "frame/frame_a.html" name = "showframe">
</frameset >
</html >
```

单击 Frame a 链接后显示效果如图 2-23(a)所示。单击 Frame b 链接后显示效果如图 2-23(b)所示。

图 2-22 页内框架示例

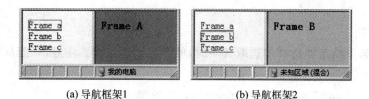

(a) 导航框架1   (b) 导航框架2

图 2-23 导航框架 1 和 2

要实现单击左边的链接,对应的页面显示在右边框架中,需要将左边三个超链接的 target 属性设为右框架的名字"showframe",frame_contents.html 的代码如下:

```html
< html >
< body >
< a href = "frame_a.html" target = "showframe"> Frame a </a>< br />
< a href = "frame_b.html" target = "showframe"> Frame b </a>< br />
< a href = "frame_c.html" target = "showframe"> Frame c </a>
</body >
</html >
```

2.10 表单

2.10.1 表单的概念

HTML 表单用于搜集不同类型的用户输入。表单在网页中的作用不可小视,主要负责数据采集的功能,比如可以采集访问者的名字和 E-mail 地址、调查表、留言簿等。

表单是一个包含表单元素的区域。表单元素是允许用户在表单中(比如:文本域、下拉列表、单选框、复选框等)输入信息的元素。

表单使用表单标签(<form>)定义。例如：

<form>… input 元素 …</form>

多数情况下被用到的表单元素是输入标签(<input>)。输入类型由类型属性(type)定义。

2.10.2 表单元素

1. 文本域

当用户要在表单中输入字母、数字等内容时,就会用到文本域。文本域的缺省宽度是20 个字符。

```
<form>
姓: < input type = "text" name = "firstname" /><br />
名: < input type = "text" name = "lastname" />
</form>
```

2. 密码域

当在密码域中输入字符时,浏览器将使用项目符号来代替这些字符。

```
<form>
用户名: < input type = "text" name = "user"><br />
密码: < input type = "password" name = "password">
</form>
```

3. 单选按钮

当用户从若干给定的选择中选取其一时,就会用到单选框。注意,只能从中选取其一。

```
<form>
< input type = "radio" name = "sex" value = "male" /> 男<br />
< input type = "radio" name = "sex" value = "female" /> 女
</form>
```

4. 复选框

当用户需要从若干给定的选择中选取一个或若干选项时,就会用到复选框。

```
<form>
< input type = "checkbox" name = "bike" /> I have a bike<br />
< input type = "checkbox" name = "car" /> I have a car
</form>
```

5. 表单的动作属性(Action)和确认按钮

当用户单击确认按钮时,表单的内容会被传送到另一个文件。表单的动作属性指定了目的文件的文件名。由动作属性定义的这个文件通常会对接收到的输入数据进行相关的处理。

```
< form name = "input" action = "html_form_action.asp" method = "get">
用户名: < input type = "text" name = "user" />
        < input type = "submit" value = "Submit" />
</form>
```

若在上面的文本框内输入几个字母,然后单击确认按钮,那么输入数据会传送到"html_form_action.asp" 的页面。该页面将显示出输入的结果。

若要将表单信息发送到电子邮件地址,代码如下。

```
< form action = "MAILTO:someone@163.com" method = "post" enctype = "text/plain">…</form >
```

6. 下拉列表

下拉列表框是一个可选列表。

```
< html >< body >
< form >
< select name = "xueli">
< option value = "高中">高中</option >
< option value = "本科">本科</option >
< option value = "硕士">硕士</option >
< option value = "博士">博士</option >
</select >
</form >
</body ></html >
```

7. 文本区域

用文本区域可以定义多行多列的文本输入框。例如：$<$textarea rows$=$"10" cols$=$"30"$>$。

8. 按钮

有三种按钮,分别是提交、重置和自定义按钮,type 设置按钮类型,value 是按钮上显示的值。

```
< form >
< input type = "submit" value = "Submit" />
< input type = "reset" value = "reset" />
< input type = "button" value = "Hello world!">
</form >
```

9. 文件域

文件域可以通过"浏览"按钮选择一个文件。语法：$<$INPUT TYPE$=$"FILE"$>$。

【例 2-23】 表单综合实例。代码如下,页面效果如图 2-24 所示。

```
< HTML >
< HEAD >< TITLE ></TITLE >
< BODY >
< FORM ACTION = "do_submit.asp" METHOD = "POST">
姓名: < INPUT TYPE = "TEXT" NAME = "USERNAME">< BR >
密码: < INPUT TYPE = "PASSWORD" NAME = "USERPWD">< BR >
性别: < INPUT TYPE = "RADIO" NAME = "SEX" CHECKED >男
      < INPUT TYPE = "RADIO" NAME = "SEX">女  < BR >
血型: < INPUT TYPE = "RADIO" NAME = "BLOOD" CHECKED > O
      < INPUT TYPE = "RADIO" NAME = "BLOOD"> A
      < INPUT TYPE = "RADIO" NAME = "BLOOD"> B
      < INPUT TYPE = "RADIO" NAME = "BLOOD"> AB  < BR >
性格: < INPUT TYPE = "CHECKBOX" CHECKED >热情大方
      < INPUT TYPE = "CHECKBOX">温柔体贴
      < INPUT TYPE = "CHECKBOX">多情善感< BR >
文件: < INPUT TYPE = "FILE">< BR >
简介: < TEXTAREA ROWS = "8" COLS = "30"></TEXTAREA >< BR >
```

```
城市：<SELECT SIZE = 1>
        <OPTION>北京市</OPTION>
        <OPTION>上海市</OPTION>
        <OPTION>南京市</OPTION>
        </SELECT><BR>
<INPUT TYPE = "BUTTON" VALUE = "提交">
<INPUT TYPE = "SUBMIT" VALUE = "提交">
<INPUT TYPE = "RESET" VALUE = "RESET">
</FORM>
</BODY>
</HTML>
```

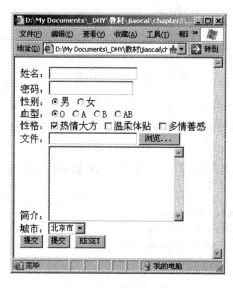

图 2-24   表单综合实例

习题 2

1. 一个 HTML 文件的基本结构是什么？
2. HTML 文档的基本标记符有哪些？
3. 文本修饰的标记符有哪些？
4. 超链接的标记符是什么？属性 target 的作用是什么？
5. 表格主要由哪些元素构成？需要用哪些标记符？
6. 什么是表单？有哪些常用的表单元素？创建表单和各表单元素的标记符有哪些？

第 3 章

初识**Dreamweaver**

3.1 Dreamweaver 8 简介

Dreamweaver 是由 Macromedia 公司开发的一款所见即所得的网页编辑器。和二维动画设计软件 Flash、专业网页图像设计软件 Fireworks，并称为"网页三剑客"。它最大的优点就是所见即所得，对 W3C 网页标准化支持十分到位，同时它还支持网站管理，包含HTML 检查、HTML 格式控制、HTML 格式化选项、图像编辑、全局查找替换、全 FTP 功能、处理 Flash 和 Shockwave 等多媒体格式和动态 HTML，而且还支持 ASP、JSP、PHP、ASP. NET、XML 等程序语言的编写与调试。

目前最新版本是 Dreamweaver CS5，不过使用 Dreamweaver 8 的人很多，所以教程采用 Dreamweaver 8 作为范例讲解。Dreamweaver 8 软件画面如图 3-1 所示。

安装后，它会自动在 Windows 的菜单中创建程序组。与 FrontPage 有很大的不同，在Dreamweaver 中，它的工具栏全是浮动工具栏，可以将工具栏缩小，也可以关闭。通过在浮动面板中进行属性设置，这样就直接可以在文档中看到结果，避免了中间过程，提高了工作效率。

图 3-1　Dreamweaver 8 软件

Dreamweaver 是在网页设计与制作领域中用户最多、应用最广、功能最强大的软件，它集网页设计、网站开发和站点管理功能于一身，具有可视化、支持多平台和跨浏览器的特性，是目前网站设计、开发、制作的首选工具。其特点如下。

1. 灵活的编写方式

Dreamweaver 具有灵活编写网页的特点，将"设计"和"代码"编辑器合二为一，能帮助用户按工作需要定制自己的用户界面。

2. 可视化编辑界面

Dreamweaver 是一种所见即所得的 HTML 编辑器，可实现页面元素的插入和生成。可视化编辑环境大量减少了代码的编写，同时亦保证了其专业性和兼容性，并且可以对内部的 HTML 编辑器和任何第三方的 HTML 编辑器进行实时的访问。无论用户习惯手工输入 HTML 源代码还是使用可视化的编辑界面,Dreamweaver 都能提供便捷的方式使用户设计网页和管理网站变得更容易。

3. 强大的 Web 站点管理功能

管理站点是 Dreamweaver 软件的一大特色,通过使用它的管理站点功能,可以使用 Dreamweaver 的一些高级功能。例如在新建页面时可以使用的页面设计(CSS)、入门页面、页面设计(有辅助功能的)等,这些都是需要在 Dreamweaver 中建立站点后才能使用的。建立站点后,可以形成明晰的站点组织结构图,对站点结构了如指掌,方便增减站点文件夹及文档等。建立站点,可以生成站点报告,对站点中的文件形成预览。在站点中添加 FTP 信息,可以直接使用 Dreamweaver 将网页上传到服务器空间中。建立站点还可以建立本地测试环境,调试动态脚本。建立站点有两种方法,一是通过“站点定义向导”设置 Dreamweaver 站点,另一种是通过“站点定义”的“高级”设置新建站点。

4. 内建的图形编辑引擎

使用内置的图形编辑程序让开发更加节省时间。图像的剪切、缩放等一系列的辅助性的图像编辑功能可以使用内嵌的 Macromedia Fireworks 技术。Dreamweaver 8 还增加了图片外理功能,图片的亮度和对比度的调节、图片的锐化效果等。

5. Dreamweaver 的集成特性

Dreamweaver 继承了 Fireworks、Flash 和 Shockwave 的集成特性,可以在这些 Web 创作工具之间自由地切换,轻松地创建美观实用的网页。

6. 丰富的媒体支持能力

可以方便地加入 Java、Flash、Shockwave、ActiveX 以及其他媒体。Dreamweaver 具有强大的多媒体处理功能,在设计 DHTML 和 CSS 方面表现得极为出色,它利用 JavaScript 和 DHTML 语言代码轻松地实现网页元素的动作和交互操作。Dreamweaver 还提供行为和时间线两种控件来产生交互式响应和进行动画处理。

7. 超强的扩展能力

Dreamweaver 还支持第三方插件,任何人都可以根据自己的需要扩展 Dreamweaver 的功能,并且可以发布这些插件。通过 Macromedia 插件中心可以获取八百多个免费插件来制定和扩展开发环境。

8. 完整的集成开发环境

运用完整的集成开发环境来开发 HTML、XHTML、XML、ASP、ASP. NET、JSP、PHP 和 Macromedia Cold Fusion 站点。

3.2 Dreamweaver 8 的工作界面

安装好 Dreamweaver 8 软件以后,启动方法是单击“开始”|“程序”| Macromedia | Macromedia Dreamweaver 8。Dreamweaver 8 软件有两种布局方式:设计器和编码器。在首次启动 Dreamweaver 8 时会出现如图 3-2 所示的一个界面,这是一个“工作区设置”对话框,在对话框左侧是 Dreamweaver 8 的设计视图,右侧是 Dreamweaver 8 的代码视图。网页制作则选择面向设计者的设计视图布局,选择“设计器”即可,“编码器”是编程开发人员使用

的布局,如果不小心选错了也没关系,以后可以在菜单栏里更改它,选择"窗口"|"工作区布局"|"设计器/编码器"。

图 3-2 工作区设置对话框

每次运行 Dreamweaver 8,首先打开起始页,起始页将常用的任务都集中在一个页面中,包括"打开最近项目"、"创建新项目"、"从范例创建"等。如果要隐藏"起始页",可以选中"不再显示此对话框"复选框,再单击"确定"按钮。如果要再次显示起始页。可以选择"编辑"|"首选参数"命令,打开"首选参数"对话框,在"常规"类别中设置"文档选项"为"显示起始页"即可。起始页如图 3-3 所示。

图 3-3 起始页

Dreamweaver 8 的标准工作界面大致可以分为以下几个区域,分别是标题栏、菜单栏、"插入"工具栏、"文档"工具栏、"标准"工具栏、文档窗口、状态栏、属性面板、浮动面板组。Dreamweaver 8 的主窗口如图 3-4 所示。

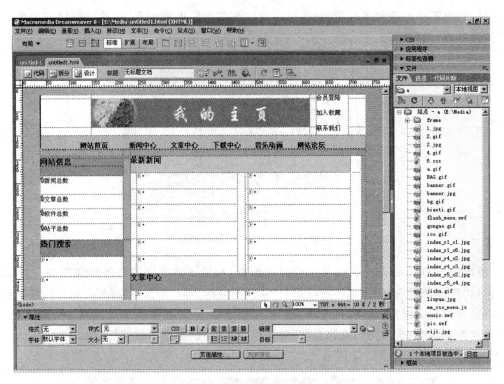

图 3-4　主窗口

1. 标题栏

显示软件版本信息和正在编辑文档的名字、路径等信息。

2. 菜单栏

Dreamweaver 的菜单栏共有 10 个选项，如图 3-5 所示。

文件(F)　编辑(E)　查看(V)　插入(I)　修改(M)　文本(T)　命令(C)　站点(S)　窗口(W)　帮助(H)

图 3-5　Dreamweaver 的菜单栏

- 文件：用来管理文件。例如新建、打开、保存、另存为、导入、输出、打印等。
- 编辑：用来编辑文本。例如剪切、复制、粘贴、查找、替换和参数设置等。
- 查看：用来切换视图模式以及显示、隐藏标尺、网格线等辅助视图功能。
- 插入：用来插入各种元素，例如图片、多媒体组件、表格、框架及超级链接等。
- 修改：具有对页面元素修改的功能。例如在表格中插入表格，拆分、合并单元格，对齐对象等。
- 文本：用来对文本操作。例如设置文本格式等。
- 命令：所有的附加命令项。
- 站点：用来创建和管理站点。
- 窗口：用来显示和隐藏各种面板以及切换文档窗口。
- 帮助：联机帮助功能。

3. "文档"工具栏

"文档"工具栏包含各种按钮,标题文本框显示网页标题。提供三种视图方式按钮("设计"视图、"拆分"视图、"代码"视图)、各种查看选项和一些常用操作(如在浏览器中预览)。界面如图 3-6 所示。

图 3-6 "文档"工具栏

4. "插入"工具栏

"插入"工具栏集成了所有可以在网页中应用的对象,包括了"插入"菜单中的选项。"插入"工具栏包括常用、布局、表单、文本、HTML、应用程序、Flash 元素、收藏夹等 8 个类别,可以单击左侧的下拉箭头来选择类别。"插入"面板组其实就是图像化了的插入指令,通过一个个的按钮,可以很容易地加入图像、声音、多媒体动画、表格、图层、框架、表单、Flash 和 ActiveX 等网页元素。"插入"工具栏的界面如图 3-7 所示。

图 3-7 插入工具栏

"插入"工具栏包括许多插入对象和创建对象的按钮。鼠标悬浮在图标上时会出现提示文字,提示该按钮的功能。有些按钮还带有下拉菜单,当使用过一次后,它就会记录上次曾用过的功能并显示为当前状态。

(1)**"常用"**:可以用来创建经常使用的对象,比如超级链接、表格、div 层、图片、注释等。

(2)**"布局"**:可以用来插入表格、div 标签、悬浮层和框架。还可以选择"标准"、"扩展"和"布局"三种布局方式,当选择"布局"方式进行制作时可以使用手绘功能来绘制表格。

(3)**"表单"**:里面的按钮都是用来创建表单和添加表单元素的,它们有文本域、文本区域、单选按钮、复选框、列表/菜单、文件域、图像域、按钮等。

(4)**"文本"**:主要针对所有文本类型对象,可以插入各种文本格式、标题,可以设置标签样式和列表格式,还有特殊字符和实体字符插入功能。

(5)**"HTML"**:只有插入水平线、文档头部信息、表格、框架和脚本等按钮。

(6)**"应用程序"**:可以插入动态元素,例如记录集、重复区域以及记录插入和更新表单。

(7)**"Flash 元素"**:可以插入图像查看器,利用该功能可以制作出图片切换效果的Flash 动画。

(8)**"收藏夹"**:可以自己管理经常使用的按钮,将它们组合起来制作成自己特定的一个类别,免去在类别间来回切换的烦琐,用起来更加方便。

5. "标准"工具栏

"标准"工具栏包含来自"文件"和"编辑"菜单中的一般操作的按钮："新建"、"打开"、"保存"、"保存全部"、"剪切"、"复制"、"粘贴"、"撤销"和"重做"。执行"查看"菜单下的"工具栏"命令可以显示或隐藏标准工具栏。"标准"工具栏如图 3-8 所示。

图 3-8　"标准"工具栏

6. "文档"窗口

"文档"窗口显示当前文档。可以选择下列任一视图："设计"视图是一个用于可视化页面布局、可视化编辑和快速应用程序开发的设计环境。在该视图中，Dreamweaver 8 显示文档的完全可编辑的可视化表示形式，类似于在浏览器中查看页面时看到的内容。"代码"视图是一个用于编写和编辑 HTML、JavaScript、服务器语言代码以及任何其他类型代码的手工编码环境。"拆分"视图可以在单个窗口中同时看到同一文档的"代码"视图和"设计"视图。

7. 属性面板

属性面板又称属性检查器，属性面板可以检查和编辑当前选定页面元素（如文本和插入的对象）的最常用属性。属性检查器中的内容根据选定的元素会有所不同。例如，如果选择页面上的一个图像，则属性检查器将改为显示该图像的属性（如图像的文件路径、图像的宽度和高度、图像周围的边框等）。如果选择了表格，那么属性面板会相应地变化成表格的相关属性。

默认情况下，属性检查器位于工作区的底部，但是如果需要的话，可以将它停靠在工作区的顶部。如果属性面板没有展开，可以选择"窗口"|"属性"命令。使用属性面板可以很容易地设置页面中的元素最常用的属性，从而提高网页制作的效率。文字的属性面板如图 3-9 所示。

图 3-9　文字的属性面板

8. 状态栏

"文档"窗口底部的状态栏提供了与正在创建的文档有关的其他信息。标签选择器显示环绕当前选定内容的标签的层次结构。单击该层次结构中的任何标签以选择该标签及其全部内容。单击＜body＞可以选择文档的整个正文，如图 3-10 所示。

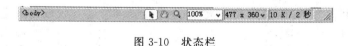

图 3-10　状态栏

9. 面板

面板分别位于"文档"窗口的下方和右侧。位于"文档"窗口下方的是属性面板，位于"文档"窗口右侧的是浮动面板组。

属性面板用于显示和设置当前选定的网页元素的属性。当选择不同的网页元素时，属性面板的显示内容也会有所不同。单击属性面板左上角"属性"文字部分或单击属性面板上边框中间的"面板开关"按钮,可以展开或折叠属性面板。

　　除了上面介绍的几个区域和属性面板,Dreamweaver 8 还有很多其他面板,它们对不同对象起作用。在 Dreamweaver 8 中的其他面板被组织到"文档"窗口右侧,具有浮动的特性。为了方便用户的编辑工作,Dreamweaver 8 组合了各种面板供用户使用:CSS 样式面板、应用程序面板、标签检查器面板、文件面板、框架面板、历史记录面板、时间轴面板、结果面板、参考面板、代码检查器面板等。设计者可以根据自己的喜好,将不同的浮动面板重新组合,达到更人性化的界面设计。

　　浮动面板组中的每个面板都可以展开或折叠,并且可以和其他面板停靠在一起或独立

图 3-11　浮动面板组

于面板组之外。单击面板左上角文字部分,可以展开或折叠该面板。单击面板右上角的"弹出菜单"图标,可以打开相应面板的弹出菜单。将鼠标移到面板组左边界,当鼠标指针变为双箭头形状时,拖动鼠标可以改变面板组的大小。单击面板左边框中部的"面板开关"按钮,可以展开或折叠整个浮动面板组。

　　执行"窗口"菜单的"隐藏面板"可以隐藏所有面板,执行"窗口"菜单的"显示面板"可以显示面板,按 F4 键也可以隐藏或显示面板。当面板被关闭时,可以通过单击"窗口"菜单中的子菜单项,打开相应的面板。浮动面板组如图 3-11 所示。

3.3　Dreamweaver 8 页面的总体设置

3.3.1　设置页面的相关信息

　　网页的头部信息在浏览器中是不可见的,但是却携带着网页的重要信息,如关键字、描述文字等,还可以实现一些非常重要的功能,如自动刷新功能。

　　(1) 设置标题:网页标题可以是中文、英文或符号,显示在浏览器的标题栏中。直接在设计窗口上方的标题栏内输入或更改,就可以完成网页标题的编辑。

　　(2) 设置文件头:从"插入"工具栏中选择 HTML 项,打开"文件头"下拉菜单,就可以进行文件头内容的设置了,如图 3-12 所示。

- 关键字:关键字用来协助网络上的搜索引擎寻找网页。单击上图所示的"关键字"项,弹出"关键字"对话框,在标记为"关键字"的文本框中输入关键字,并以逗号隔开。

- META:META 标记用于记录当前网页的相关信息,如编码、作者、版权等,也可以用来给服务器提供信息。单击如图 3-12 所示的 META 项,弹出 META 对话框,在"属性"栏选择"名称"属性,在"值"文本框中输入相应的值,可以定义相应的信息。

图 3-12　文件头下拉菜单

- 刷新：使用刷新元素可以指定浏览器在一定的时间后应该自动刷新页面，方法是重新载入当前页面或转到不同的页面。该元素通常用于在显示了说明 URL 已改变的文本消息后，将用户从一个 URL 重定向到另一个 URL。

3.3.2 设置页面属性

单击"属性"面板中的"页面属性"按钮或执行"修改"菜单的"页面属性"命令，将打开"页面属性"对话框，如图 3-13 所示。

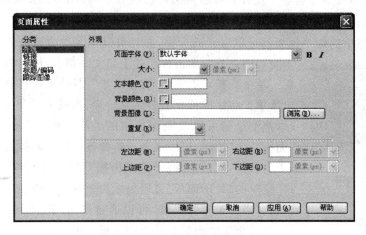

图 3-13 "页面属性"对话框

- 设置外观，"外观"是设置页面的一些基本属性。可以定义页面中的默认文本字体、文本字号、文本颜色、背景颜色和背景图像等。
- 设置链接，"链接"选项内是一些与页面的链接效果有关的设置。"链接颜色"定义超链接文本默认状态下的字体颜色，"变换图像链接"定义鼠标放在链接上时文本的颜色，"已访问链接"定义访问过的链接的颜色，"活动链接"定义活动链接的颜色。"下划线样式"可以定义链接的下划线样式。
- 设置标题，"标题"用来设置标题字体的一些属性，如图 3-13 所示，在左侧"分类"列表中选择"标题"，这里的标题指的并不是页面的标题内容，而是可以应用在具体文章中各级不同标题上的一种标题字体样式。可以定义"标题字体"及 6 种预定义的标题字体样式，包括粗体、斜体、大小和颜色。

3.4 网页实例制作

3.4.1 新建站点

要制作一个能够被大家浏览的网站，首先需要在本地磁盘上制作这个网站，然后把这个网站传到互联网的 Web 服务器上。放置在本地磁盘上的网站被称为本地站点，位于互联网 Web 服务器里的网站被称为远程站点。Dreamweaver 8 提供了对本地站点和远程站点强大的管理功能。

1．规划站点结构

网站是多个网页的集合，包括一个首页和若干个分页，这种集合不是简单的集合。为了达到最佳效果，在创建任何 Web 站点页面之前，要对站点的结构进行设计和规划。决定要创建多少页，每页上显示什么内容，页面布局的外观以及各页是如何互相连接起来的。通过把文件分门别类的放置在各自的文件夹里，使网站的结构清晰明了，便于管理和查找。

2．创建站点

在 Dreamweaver 8 中可以有效地建立并管理多个站点。创建站点可以有两种方法，一是利用向导完成，二是利用高级设定来完成。

1）建立站点文件夹

在搭建站点前，首先在电脑硬盘上建一个以英文或数字命名的空文件夹，称为网站的根文件夹。例如：在 E 盘下建一个名为 mysite 的文件夹作为站点文件存放的文件夹。

再在 mysite 文件夹下建立一个子文件夹 image，作为网页图片存放的文件夹。

2）建立站点

（1）选择"站点"菜单中的"管理站点"命令，出现"管理站点"对话框。或者单击文件面板上的"管理站点"超链接，打开"管理站点"对话框，如图 3-14 所示。

（2）单击"新建"按钮，选择弹出菜单中的"站点"项，打开站点定义向导窗口，如图 3-15 所示。有"基本"和"高级"两个标签，可以在站点向导和高级设置之间切换。单击"基本"标签，在"您打算为您的站点起什么名字？"输入框中输入 mysite，为要建立的站点起名为 mysite。

图 3-14　"管理站点"对话框

图 3-15　站点定义向导第 1 步

（3）单击"下一步"按钮。出现向导的下一个界面，询问是否要使用服务器技术。因为现在建立的是一个静态页面，选择"否，我不想使用服务器技术"单选项。

（4）单击"下一步"按钮，在新出现的向导窗口中，因为是创建本地站点，所以选择"编辑我的计算机上的本地副本，完成后再上传到服务器"单选项，同时在"您将把文件存储在计算机上的什么位置？"输入框中通过浏览图标选择刚才建立的站点文件夹，即 E:\mysite，如图 3-16 所示。

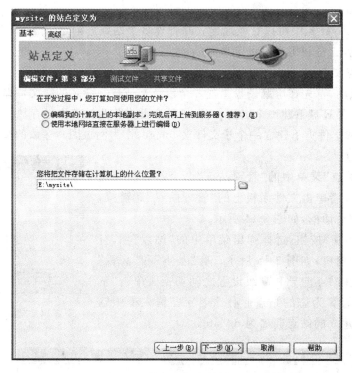

图 3-16 站点定义向导第 3 步

（5）单击"下一步"按钮，在新出现的向导窗口中，选择"您如何连接到远程服务器"下拉列表中的"无"项。

（6）单击"下一步"按钮，在新出现的向导窗口中将显示刚才所定义的站点信息。单击"完成"按钮，结束"站点定义"对话框的设置。

（7）在"管理站点"对话框中单击"完成"按钮，文件面板显示出刚才建立的站点。

到此，完成了站点的创建。

3.4.2 网页制作

下面以一个简单的网页实例，讲解一下网页制作的基本步骤。制作好的网页如图 3-17 所示。

1. 素材准备

准备好两幅图片 bg.gif 和 gu35.jpg，分别用于页面背景和网页中的插图。

2. 新建站点和网页

（1）新建站点根文件夹，如 E:\mysite，再启动 Dreamweaver，单击菜单"站点"|"新建站

点",将打开"站点定义"对话框,按前述方法创建一个站点,站点根文件设置为 E:\mysite。

(2)单击"文件"|"新建"命令,打开"新建文档"对话框,单击"常规"标签,在"类别"列表中选择"基本页",在"基本页"列表中选择 HTML,然后单击"创建"按钮,新建一个空白的网页。

3. 设置页面属性

(1)单击菜单"修改"|"页面属性",将打开"页面属性"对话框。

(2)单击"分类"列表中的"外观"项,然后单击"背景图像"右边的"浏览"按钮,选择文件夹 chapter3\image 中的背景图片 bg.gif,此时会出现一个询问对话框,提示设计者当前选择的图像文件位于站点以外的文件夹,询问设计者是否将该文件保存在站点文件夹内。单击"是",并选择站点下的 image 文件夹,将图像文件存放在该文件夹下。

(3)在"文档"标题栏的"标题"文本框中输入"夜雨寄北"。

注意:插入的图像并不是存储在网页文件里,网页文件中显示的图像来自站点中的图像文件,因此,图像在网页中如果要正常显示的话,该图像文件必须位于站点文件夹当中。此外,图像文件不能使用中文,最好使用英文字母和数字字符。否则,图像可能出现无法正常显示的情况。

4. 插入网页元素

(1)单击"文档"窗口的编辑区的空白处,出现文字输入提示符后,输入第一行文字,如图 3-17 所示。

图 3-17 实例效果图

(2)单击菜单"插入"|HTML|"水平线",为网页添加水平线。

(3)输入诗词的标题和正文。

提示：Dreamweaver 中的回车键相当于分段，行间空隙较大，若要换行不分段，则按 Shift＋Enter 键，这样行间空隙比较小。标题、作者和诗词都只是换行但不分段。

（4）单击菜单"插入"|"图像"，在"选择图像源文件"对话框中选择素材文件夹 chapter3\mysite\image 中的图像文件 gu35.jpg，然后单击"确定"按钮，同样会出现设置页面背景图像时出现的保存图像到站点文件夹内的询问对话框，以相同的操作方法将文件保存在站点下的 image 文件夹下。

5. 编辑网页元素

（1）选择网页中的文字，利用"属性"面板中的字体设置项目和文字颜色项目，对该段文字进行字体格式设置。"唐诗欣赏"设置为"隶书"、24 像素、黑色，"夜雨寄北"设置为"方正舒体"、24 像素、红色；诗词正文为华文行楷、36 像素、黑色。作者"李商隐"设置为"宋体"、16 像素、蓝色。

如果"属性面板"隐藏，可通过单击菜单"窗口"|"属性"打开该面板。单击"属性"面板右下角的下拉按钮，可展开"属性"面板。

（2）选中图片 gu35.jpg，利用"属性"面板设置图片属性。在"对齐"项中选择"居中"，设置图片居中对齐。

提示：可根据个人喜好设置字体，Dreamweaver 默认的中文字体是宋体，如果要使用其他字体，例如，要将文字设置为"黑体"，要从"属性"面板的"字体"下拉列表中选择"编辑字体列表"命令，打开"编辑字体列表"对话框，如图 3-18 所示。从"可用字体"列表框中选择所需字体如"黑体"，单击"＜＜"按钮，将"黑体"同时添加到左边的"选择的字体"列表框和上方的"字体列表"列表框中，然后单击"确定"按钮。此时选中文字，从"属性"面板的"字体"列表框中选择刚才添加进去的"黑体"即可。

图 3-18　"编辑字体列表"对话框

6. 保存和预览网页

单击菜单"文件"|"保存"，将该网页保存在站点根文件夹 E:\mysite 中，文件名命名为 1-1.html。单击"文档"工具栏上的"在浏览器中预览/调试"按钮，即可打开浏览器窗口观看效果了。

小结：

制作网页的基本步骤如下。

（1）建立站点。包括创建站点文件夹和在 Dreamweaver 中创建站点。

（2）新建网页。新建网页前要先准备好网页中要用到的各种素材，如图像、动画、音乐文件等,然后新建一个空白的网页。

(3)插入网页元素。将前面准备好的各种素材加入网页中。网页元素如果来自外部文件,这些文件要复制进站点文件夹内。

(4)编辑网页元素。通过属性面板编辑网页中各元素,并通过"页面属性"设置网页背景图、页面字体、文本颜色、大小等整个网页的外观。

(5)保存和预览网页。制作好的网页应该保存在站点文件夹内,按 F12 键或单击"文档"工具栏上的"在浏览器中预览/调试"按钮预览网页。

习题 3

1. 自选主题,创建一个站点,自行设计站点文件夹结构,例如 images 文件夹、flash 文件夹、sound 文件夹、pages 文件夹和首页 index. html。

2. 建立一个本地站点,并制作第一个网页 index. html,显示自我介绍,并修改网页背景色、文本颜色、网页标题等,可根据个人喜好自行制作。

3. 练习网页的文本编辑方法,在站点中新建网页,根据爱好选择合适的文字及图片,按以下要求设置文本样式。

(1)设置网页背景图像。

(2)标题格式:标题1。字体:隶书。颜色:自行设计。

(3)正文字体:楷体 GB_2312。字体大小:16 像素。颜色:自行设计。

(4)插入插图,并适当调整图文排版。

第4章

网页制作初步

4.1 网站设计的流程

网站设计的一般流程如下。

(1) 对要创建的站点进行规划,明确建站的目的、规模,面向的群体、服务器端的配置等。

(2) 建立一个完整的站点目录结构。

(3) 确定版面布局,收集和制作素材。

(4) 制作网页,可以使用模板、库项目等工具提高工作效率。

(5) 站点测试、发布及维护更新。

其中,规划站点和准备网页素材是建立站点之前必需且十分重要的准备工作。

4.1.1 规划站点

在网站规划中一个很重要的问题就是确定站点的结构,即确定站点子栏目,确定图片、多媒体文件的存放位置和导航条等。

因此在创建站点之前,应该首先在磁盘上创建一个文件夹,称为站点根文件夹,用于存放站点内的所有资源,如果站点资源比较丰富可以建立子文件夹存放站点内相应的资源。

例如,创建"昆明之光"网站,其网站结构规划图如图 4-1 所示。

1. 站点结构规划

图 4-1 "昆明之光"网站规划图

2. 网站文件夹规划

建立网站时,当网站结构规划完成之后,在定义站点之前,要对网站文件夹进行规划,以避免在一个文件夹内塞满几乎所有文件,使整个站点文件混乱不堪,不便于管理和维护。因此,要分类建立各个栏目文件夹、图像文件夹和多媒体文件夹等。

对于"昆明之光"网站,建立站点根文件夹为 kunming,子文件夹分别为 album、files、image、jiaoyu、liuyan、Fireworks html 以及 others。

album 文件夹存放网站相册生成的子文件夹和文件,files 文件夹存放除首页以外的所有网页文件,image 文件夹存放所有图像文件,jiaoyu 文件夹存放昆明高校的框架集和框架页面,liuyan 文件夹存放留言簿的相关页面,Fireworks html 文件夹存放 Fireworks 导出的 Fireworks HTML 文件及子文件夹,others 文件夹存放动画、音频或视频文件等其他类型的文件。

注意:

(1) 将站点内容分门别类,即将相关页面放在同一文件夹内。

(2) 图像、音乐或其他多媒体文件存放在各自的文件夹。

4.1.2　收集网页素材

确定好站点目标和结构之后,接下来要做的就是收集有关网站的资源,其中包括以下资源。

(1) 文字资料:文字是网站的主题。无论是什么类型的网站,都离不开叙述性的文字。离开了文字即使图片再华丽,浏览者也不知所云。所以要制作一个成功的网站,必须要提供足够的文字资料。

(2) 图片资料:网站的一个重要要求就是图文并茂。如果单单有文字,浏览者看了不免觉得枯燥无味。文字的解说再加上一些相关的图片,让浏览者能够了解更多的信息,更能增加浏览者的印象。

(3) 动画资料:在网页上插入动画可以增添页面的动感效果。现在 Flash 动画在网页上应用的相当多,所以建议大家应该学会 Flash 制作动画的一些知识。

(4) 其他资料:例如网站上的应用软件,音乐网站上的音乐文件、视频等。

4.2　创建和管理站点

本章设计任务:构建一个以"昆明之光"为主题的个人网站,该网站主要网页的效果图如图 4-2 所示。

4.2.1　创建站点

完成站点目录结构的规划和网页素材的准备工作以后,就可以用 Dreamweaver 8 创建站点了,进而实现对站点的管理。Dreamweaver 8 的站点分为本地站点和远程站点。放置在本地磁盘上的网站被称为本地站点,位于互联网 Web 服务器里的网站被称为远程站点。

网站建设通常需要大量的时间,一般先在本地计算机上创建和设计站点,当站点设计完善并测试成功后,再利用上传工具将本地站点发布到 Internet 的 Web 服务器上,以便网站能够被其他人访问。Dreamweaver 8 集成了远程站点的管理工具,可以方便地管理本地站点与远程服务器中的文件。

Dreamweaver 8 当中打开站点定义对话框的方法主要有以下三种。

(a) 网站首页　　　　　　　　　　　　(b) 昆明概况

(c) 昆明旅游景点　　　　　　　　　　(d) 大观楼公园

图 4-2　"昆明之光"网站

（1）单击"起始页"中"创建新项目"下的"Dreamweaver 站点"项。

（2）单击菜单"站点"|"管理站点"，在弹出的"管理站点"对话框中单击"新建"按钮，在弹出的下拉菜单中单击"站点"项。

（3）从"文件"面板左边的下拉列表中选择"管理站点"命令，打开"管理站点"对话框。

Dreamweaver 8 的站点定义对话框包括"基本"和"高级"两个选项卡。

其中，"基本"选项卡提供站点定义向导的方式帮助设计者一步一步地创建站点。鼓励不熟悉 Dreamweaver 的用户使用"站点定义向导"；有经验的 Dreamweaver 用户可能更喜欢使用"高级"设置。在第 3 章制作的一个简单网页的实例就是用"基本"选项卡提供的向导创建站点的。单击"高级"标签以使用"高级"设置，它使您可以根据需要分别设置本地、远端和测试文件夹。

"高级"选项卡是以分类列表的形式对站点的各种属性进行设置。本章使用"高级"选项卡来创建站点。若建立的是本地站点，则一般只要选择"分类"列表中的"本地信息"项进行设置即可，如图 4-3 所示。

创建站点的步骤如下。

（1）启动 Dreamweaver，选择"站点"|"管理站点"。出现"管理站点"对话框。

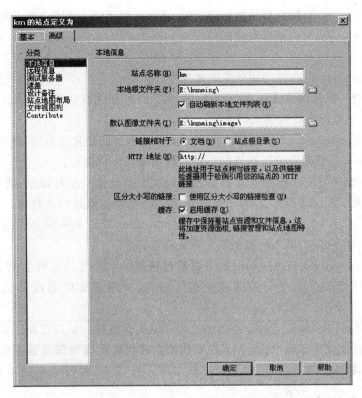

图 4-3 站点定义"高级"选项卡

（2）单击"新建"按钮，然后选择"站点"。出现"站点定义"对话框。

（3）有"基本"和"高级"两个选项卡，单击"高级"标签，然后从"分类"列表中选择"本地信息"。

（4）在"站点名称"文本框中，输入 km 作为站点名称。

（5）在"本地根文件夹"文本框中，输入路径 E:\kunming。也可以单击文件夹图标来浏览并选择该文件夹。

（6）在"默认图像文件夹"文本框中，指定 kunming 的子文件夹 image 文件夹。可以单击文件夹图标来浏览并选择该文件夹，单击"确定"按钮，回到"管理站点"对话框，显示您的新站点。

（7）单击"完成"，关闭"管理站点"对话框。

此时"文件"面板显示当前站点的本地根文件夹。"文件"面板中的文件列表将充当文件管理器，允许复制、粘贴、删除、移动和打开文件，就像在计算机桌面上一样。

图 4-3 中本地站点各项信息的含义如下。

- 在"站点名称"文本框中，输入 Dreamweaver 站点的名称。

站点名称显示在"文件"面板和"管理站点"对话框中。使用您喜欢的任何名称；该名称仅供您参考，并不出现在浏览器中。

- 在"本地根文件夹"文本框中，输入本地磁盘中存储站点文件、模板和库项目的文件夹的名称，或者单击文件夹图标浏览到该文件夹。

当 Dreamweaver 解析根目录相对链接时,它是相对于该文件夹来解析的。如果本地根文件夹尚不存在,请从文件浏览对话框中创建。

- 使用"自动刷新本地文件列表"选项来指定每次将文件复制到本地站点时, Dreamweaver 是否自动刷新本地文件列表。
- (可选)在"默认图像文件夹"文本框中,输入此站点的默认图像文件夹的路径或者单击文件夹图标浏览到该文件夹。

此文件夹是 Dreamweaver 上传添加到站点上的图像的位置。例如,将图像插入页面中时,Dreamweaver 将该图像添加到当前站点的默认图像文件夹中。

- (可选)如果要更改所创建的到站点其他页面的链接的相对路径,请选择"相对链接于"选项。默认情况下,Dreamweaver 使用文档相对路径创建链接。
- (可选)在"HTTP 地址"文本框中,输入已完成的 Web 站点将使用的 URL。如果建立的是本地站点,则本栏目中不用输入内容。
- 在 Dreamweaver 检查链接时如果要确保链接的大小写与文件名的大小写匹配,请选择"使用区分大小写的链接检查"。此选项用于文件名区分大小写的 UNIX 系统。
- "启用缓存"选项,指定是否创建本地缓存以提高链接和站点管理任务的速度。

如果不选择此选项,Dreamweaver 在创建站点前将再次询问您是否希望创建缓存。最好选择此选项,因为只有在创建缓存后"资源"面板(在"文件"面板组中)才有效。

4.2.2　管理站点

1. 编辑修改站点

创建了本地站点以后,还可以对本地站点进行编辑修改,操作步骤如下。

图4-4　"管理站点"对话框

(1) 启动 Dreamweaver 8,执行下列操作之一。

- 选择菜单"站点"|"管理站点",打开"管理站点"对话框。
- 从"文件"面板左边的下拉列表中选择"管理站点",打开"管理站点"对话框。

(2) 从"管理站点"对话框(图 4-4)中选择一个需要编辑修改的站点。

(3) 单击"编辑"按钮,将打开与创建站点相同的站点定义对话框,可以像创建站点的操作一样对本地站点进行编辑修改。

(4) 单击"确定"按钮,关闭站点定义对话框,回到"管理站点"对话框,单击"完成"按钮,关闭"管理站点"对话框。

2. 删除站点

当不再需要利用 Dreamweaver 8 对某个本地站点进行操作时,可以删除该站点,站点中的文件不会被删除。

注意:

- 当从列表中删除站点后,有关该站点的所有设置信息将永久丢失。

- 删除本地站点实际上只是删除了 Dreamweaver 8 和存放本地站点的文件夹之间的关联,并不会真正删除本地计算机中存放本地站点的实际文件夹和文件。

从站点列表中删除站点,操作步骤如下。

(1) 选择"站点"|"管理站点"。出现"管理站点"对话框。

(2) 选择一个站点名称。

(3) 单击"删除"。出现一个对话框,要求确认删除。

(4) 单击"是"从列表中删除站点,单击"否"则保留站点名称。单击"是",该站点名称将从列表中消失。

(5) 单击"完成",关闭"管理站点"对话框。

3. 复制站点

如果希望创建一个和当前某个站点结构相似的站点,可以利用站点的复制功能,复制一个结构和当前站点一样的站点,然后再通过站点编辑功能对复制的站点进行适当的编辑修改,这样可以极大地提高工作效率。复制站点的操作步骤如下。

(1) 打开"管理站点"对话框。

(2) 在列表中选择需要被复制的站点。

(3) 单击"复制"按钮,将在列表中创建一个和选中站点结构完全一样的新站点。

复制的新站点默认名称为:被复制站点名+"复制"。可以通过单击"编辑"按钮,来修改站点名称等站点属性。

4. 导入和导出站点

可以将站点导出为包含站点设置的 XML 文件,并在以后将该站点导入 Dreamweaver。这样就可以在各计算机和产品版本之间移动站点或者与其他用户共享这些设置。

1) 导出站点

导出站点的操作步骤如下。

(1) 选择菜单"站点"|"管理站点",出现"管理站点"对话框。

(2) 选择要导出的一个或多个站点,然后单击"导出"按钮。

若要选择多个站点,请按住 Ctrl 键单击每个站点。若要选择某一范围的站点,请按住 Shift 键单击该范围中的第一个和最后一个站点。

(3) 对于要导出的每个站点,浏览至要保存站点的位置,然后单击"保存"按钮。

Dreamweaver 会在指定位置将每个站点保存为带 .ste 文件扩展名的 XML 文件。

(4) 单击"完成"按钮关闭"管理站点"对话框。

2) 导入站点

导入站点的操作步骤如下。

(1) 选择"站点"|"管理站点",出现"管理站点"对话框。

(2) 单击"导入"按钮,出现"导入站点"对话框。

(3) 浏览并选择要导入的一个或多个在具有 .ste 文件扩展名的文件中定义的站点。

若要选择多个站点,请按住 Ctrl 键单击每个 .ste 文件。若要选择某一范围的站点,请按住 Shift 键单击该范围中的第一个和最后一个文件。

(4) 单击"打开"开始导入站点。

Dreamweaver 导入该站点之后,站点名称会出现在"管理站点"对话框中。

（5）单击"完成"按钮关闭"管理站点"对话框。

4.2.3　管理站点文件及文件夹

在 Dreamweaver 8 中创建好站点后，对站点中的文件和文件夹的操作，如新建、移动、复制、重命名、删除等，最好都在 Dreamweaver8 中进行。Dreamweaver 8 的"文件"面板提供了站点文件管理功能。

Dreamweaver 8 的"文件"面板位于 Dreamweaver 8 编辑区右侧的面板中。如果没有显示出"文件"面板，单击菜单"窗口"|"文件"或按 F8 键，可以打开"文件"面板。

"文件"面板顶部是两个下拉列表框，下拉列表框下面是一组操作按钮，操作按钮下面是以文件列表形式显示站点文件和文件夹的站点管理器窗口。

"文件"面板顶部的左边下拉列表框列出了本地计算机的所有文件资源以及所有已经建立的站点，通过单击列表中的站点名可以改变当前站点，实现站点间的切换。

"文件"面板的站点管理器中列出当前站点所有的文件和文件夹，通过单击文件夹前面的"＋"可以展开该文件夹，同时"＋"变成"－"，单击"－"则折叠该文件夹。

通过站点管理器不仅可以浏览当前的所有文件，还可以管理站点文件，如创建、移动、复制、重命名和删除文件等。这些管理文件的操作和在 Windows 资源管理器中的操作十分相似。

1. 打开文件

（1）单击菜单"窗口"|"文件"，打开"文件"面板，从左边的下拉列表中选择站点、服务器或驱动器。

（2）定位到要打开的文件。

（3）执行下列操作之一。

- 双击该文件的图标。
- 右击该文件的图标，然后选择"打开"。

Dreamweaver 会在"文档"窗口中打开该文件。

2. 新建文件或文件夹

（1）在"文件"面板中，选择一个文件或文件夹。

Dreamweaver 将在当前选定的文件夹中（或者在与当前选定文件所在的同一个文件夹中）新建文件或文件夹。

（2）右击，然后选择"新建文件"或"新建文件夹"。

（3）输入新文件或新文件夹的名称。

（4）按 Enter 键。

3. 删除文件或文件夹

（1）在"文件"面板中，选择要删除的文件或文件夹。

（2）右击，然后选择"编辑"|"删除"或者直接按 Del 键。

4. 重命名文件或文件夹

（1）在"文件"面板中，选择要重命名的文件或文件夹。

（2）执行以下操作之一，激活文件或文件夹的名称。

- 单击文件名，稍停片刻，然后再次单击。

- 右击该文件的图标,然后选择"编辑"|"重命名"。

(3) 输入新名称,覆盖现有名称。

(4) 按 Enter 键。

5. 移动文件或文件夹

(1) 在"文件"面板中,选择要移动的文件或文件夹。

(2) 执行下列操作之一。

- 按 Ctrl+X 组合键剪切该文件或文件夹,或者选择"编辑"|"剪切",然后按 Ctrl+V 组合键或者选择"编辑"|"粘贴"命令粘贴在新位置。
- 直接将该文件或文件夹拖到新位置。

(3) 刷新"文件"面板可以看到该文件或文件夹在新位置上。

6. 复制文件或文件夹

(1) 在"文件"面板中,选择要复制的文件或文件夹。

(2) 执行下列操作之一。

- 按 Ctrl+C 组合键复制该文件或文件夹,或者选择"编辑"|"拷贝",然后按 Ctrl+V 组合键或者选择"编辑"|"粘贴"命令粘贴在新位置。
- 按着 Ctrl 键,将该文件或文件夹拖到新位置。

(3) 刷新"文件"面板可以看到该文件或文件夹在新位置上。

4.3 网页的新建、保存和编辑

创建了本地站点后,就可以在站点内创建和编辑网页了,网页文件的基本操作是建立网站的基础,包括网页文件的新建、打开、编辑和保存等。

4.3.1 新建网页

在 Dreamweaver 8 中,新建一个网页的操作方法有以下三种。

(1) 在起始页的"创建新项目"中,单击 HTML 项。

(2) 单击菜单"文件"|"新建",在打开的"新建文档"对话框(图 4-5)中,单击"常规"选项卡,在"类别"列表中单击"基本页",在"基本页"列表中单击 HTML 项,单击"创建"按钮。

(3) 在"文件"面板的站点管理器窗口中,选择用于存放网页的文件夹,右击鼠标,在弹出式菜单中单击"新建文件"项。

4.3.2 打开网页

在 Dreamweaver 8 中,打开一个网页的操作方法有以下三种。

(1) 在起始页的"打开最近项目"中,单击"打开"项或从最近打开的文件列表中选择要打开的网页文件。

(2) 单击菜单"文件"|"打开",在弹出的"打开"对话框中,选择要打开的网页文件,单击"打开"按钮。

(3) 双击"文件"面板的站点管理器中要打开的网页文件。

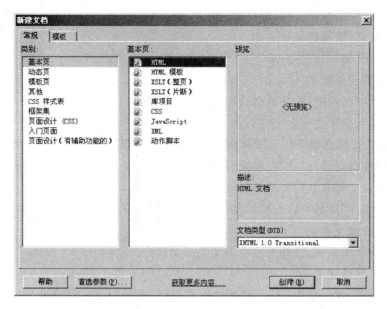

图 4-5 "新建文档"对话框

4.3.3 保存网页

要保存一个新建的网页文件,单击菜单"文件"|"保存",在打开的"另存为"对话框中,选择要保存文件的位置,输入文件名后单击"保存"按钮,这个文件就被保存在指定位置。在输入文件名时注意不要使用汉字及非法字符,如＊、? 等。默认的网页文件扩展名为.htm,设计者可以选择其他类型来保存文件,如.xml、.css、.txt 等。

在 Dreamweaver 8 中,如果当前编辑的网页文件中包含没有保存的内容,则在"文档"窗口的标题栏中显示的网页文件名末尾将带个"＊"。

4.4 文本

4.4.1 插入文字

要向 Dreamweaver 文档添加文本,可以直接在 Dreamweaver"文档"窗口中输入文本,也可以剪切并粘贴或者选择菜单"文件"|"导入"|"Word 文档",从 Word 文档导入文本。选择菜单"文件"|"导入"|"表格式数据"可以导入表格数据。

4.4.2 设置文字属性

1. 格式

网页的文本分为段落和标题两种格式。在文档编辑窗口中选中一段文本,在属性面板"格式"下拉列表框中选择"段落"把选中的文本设置成段落格式。

"标题 1"到"标题 6"分别表示各级标题,应用于网页的标题部分。标题 1 字体最大,标题 6 字体最小,同时文字全部加粗。

另外,在属性面板中可以定义文字的字号、颜色、加粗、加斜、水平对齐等内容。

2. 设置字体

Dreamweaver 8 预设的可供选择的字体组合只有 6 项英文字体组合,要想使用中文字体,必须重新编辑新的字体组合,在"字体"后的下拉列表框中选择"编辑字体列表",弹出"编辑字体列表"对话框,如图 4-6 所示。从"可用字体"列表框中选择所需字体,单击双向向左按钮,将该字体添加到"字体列表"和"选择的字体"列表框中,然后单击"确定"按钮。

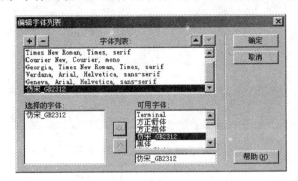

图 4-6 "编辑字体列表"对话框

注意:由于受到客户端计算机的限制,网页中可以选用的字体往往很有限,例如,网页中的文字设置成了"方正舒体",当浏览该网页时,若客户端计算机上没有安装"方正舒体",这些文字只能以默认的"宋体"显示,为避免这种情况的发生,网页中如果一定要用某种特殊的字体,最好将该文字效果制作成图片。

3. 文字的其他设置

在"属性"面板中还包含"粗体"按钮、"斜体"按钮、"左对齐"按钮、"居中对齐"按钮、"右对齐"按钮、"两端对齐"按钮,可以对文字的加粗、倾斜、对齐方式等进行设置。设置方法是:只要选取当前文字,然后单击相关属性按钮,即可看到设置后的效果了。

文本换行,按 Enter 键换行的行距较大(在代码区生成<p></p>标签),按 Enter+Shift 键换行的行间距较小(在代码区生成
标签)。

文本空格,在 Dreamweaver 中直接按空格键只能输入一个空格,要输入多个空格,有以下 3 种方法。

(1) 选择菜单"编辑"|"首选参数",在弹出的对话框中左侧的分类列表中选择"常规"项,然后在右边选中"允许多个连续的空格"项,这样就可以直接按空格键给文本添加空格了。

(2) 打开一种中文输入法,切换成"全角"状态,再按空格键可以输入多个空格。

(3) 按 Ctrl+Shift+空格组合键。

4. 特殊字符

要向网页中插入特殊字符,有以下两种方法。

(1) 从"插入"工具栏选择"文本",切换到文本插入栏,单击文本插入栏的最后一个按钮"文本"按钮,向网页中插入相应的特殊符号。若选择"其他字符"命令,则打开"插入其他字符"对话框,如图 4-7 所示。

(2) 选择"插入"|HTML|"特殊字符"菜单,也可以向网页中插入相应的特殊符号。

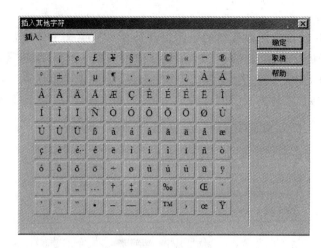

图 4-7 "插入其他字符"对话框

5. 插入列表

列表分为两种,有序列表和无序列表,无序列表没有顺序,每一项前边都以同样的符号显示,有序列表前边的每一项有序号引导。列表是基于段落的,在文档编辑窗口中选中需要设置的文本,在属性面板中单击"项目列表"按钮,则选中的文本被设置成无序列表,单击"编号列表"按钮则被设置成有序列表。

若要形成多级列表,即列表项下面又有子列表项,操作步骤如下。

(1) 将光标定位在某列表项上。

(2) 单击"属性"面板上的"文本缩进"按钮,则该列表项成为上一级列表项的子列表项。

反之,如果要让某个子列表项回到上级列表项中,则单击"属性"面板上的"文本凸出"按钮。

若要修改列表的类型和样式,操作方法如下。

(1) 将光标定位于列表项中,注意不要选中列表项,此时"属性"面板的"列表项目"按钮变为可用状态。

(2) 单击"属性"面板的"列表项目"按钮,打开"列表属性"对话框(图 4-8)。

在"列表属性"对话框中,可对列表类型及样式进行修改,如项目列表的样式可以是默认(空心圆)、项目符号(实心圆)和正方形,编号列表的样式可以是数字($1,2,3,\cdots$)或小写罗马字($i,ii,\cdots$)、大写罗马字($\mathrm{I},\mathrm{II},\cdots$)等,并且可以设置起始编号。

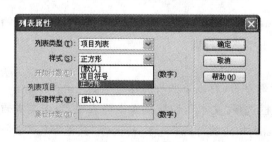

图 4-8 "列表属性"对话框

6. 滚动字幕

使用＜marquee＞标记符可以在网页上创建一个滚动的文本字幕，将滚动的内容放在＜marquee＞＜/marquee＞之间即可。＜marquee＞的参数有：

- direction 表示滚动的方向，值可以是 left、right、up、down，默认为 left。
- behavior 表示滚动的方式，值可以是 scroll（连续滚动）、slide（滑动一次）、alternate（来回滚动）。
- loop 表示循环的次数，值是正整数，默认为无限循环。
- scrollamount 表示运动速度，值是正整数，默认为 6。
- scrolldelay 表示停顿时间，值是正整数，默认为 0，单位是毫秒。
- valign 表示元素的垂直对齐方式，值可以是 top、middle、bottom，默认为 middle。
- align 表示元素的水平对齐方式，值可以是 left、center、right，默认为 left。
- bgcolor 表示运动区域的背景色，值是十六进制的 RGB 颜色，默认为白色。
- height、width 表示运动区域的高度和宽度，值是正整数（单位是像素）或百分数，默认 width＝100％，height 为标签内元素的高度。
- hspace、vspace 表示元素到区域边界的水平距离和垂直距离，值是正整数，单位是像素。
- onmouseover＝this. stop()、onmouseout＝this. start() 表示当鼠标移入区域的时候滚动停止，当鼠标移开的时候又继续滚动。

4.4.3　插入水平线和日期

1. 水平线

在页面上，可以使用一条或多条水平线以可视方式分隔文本和对象，插入水平线有两种方法：

（1）选择插入工具栏的 HTML 项，单击 HTML 栏的"水平线"按钮，即可向网页中插入水平线。

（2）选择菜单"插入"｜HTML｜"水平线"。

选中插入的这条水平线，可以在属性面板对它的属性进行设置（图 4-9）。

图 4-9　"水平线"属性面板

- 宽和高：以像素为单位或以页面尺寸百分比的形式指定水平线的宽度和高度。
- 对齐：指定水平线的对齐方式（"默认"、"左对齐"、"居中对齐"或"右对齐"）。仅当水平线的宽度小于浏览器窗口的宽度时，该设置才适用。
- 阴影：指定绘制水平线时是否带阴影。取消选择此选项将使用纯色绘制水平线。

2. 日期

在文档编辑窗口中，插入日期和时间的步骤如下。

（1）将鼠标光标定位到要插入日期的位置。

(2) 单击"常用"插入栏的"日期"按钮,或者选择菜单"插入"|"日期"。

(3) 在弹出的"插入日期"对话框(图 4-10)中选择相应的星期格式、日期格式和时间格式。

(4) 如果希望在每次保存文档时都更新插入的日期,请选择"储存时自动更新"。如果希望日期在插入后变成纯文本并永远不自动更新,请取消选择该选项。

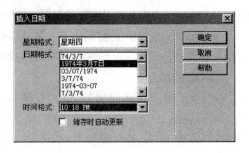

图 4-10　"插入日期"对话框

(5) 单击"确定"插入日期。

注意:"插入日期"对话框中显示的日期和时间不是当前日期,也不反映访问者在显示您的站点时所看到的日期/时间。它们只是说明此信息的显示方式的示例。

【例 4-1】 网页文字编辑实例。

下面以站点名为 km 的"昆明之光"网站为例,在该站点的 files 文件夹中新建一个"昆明概况"网页 gaikuang.html。

1. 设置页面属性

(1) 启动 Dreamweaver 8,在"文件"面板中的站点列表中单击名为 km 的站点,使其成为当前站点。

(2) 右击 files 文件夹,单击"新建文件",重命名文件名为 gaikuang.html,双击打开该文件。

(3) 单击菜单"修改"|"页面属性",打开"页面属性"对话框。

(4) 单击"分类"列表中的"外观"项,单击"页面字体"下拉按钮,打开"字体列表",选取"宋体"。

(5) 单击"大小"下拉按钮,打开文字大小列表,选取 16,单位为"像素"。

(6) 单击"文本颜色"的颜色框,在打开的颜色表中选取深蓝色或直接在颜色文本框中输入"♯000033"。

(7) 单击"背景图像"后面的浏览按钮,选取 materials\back2.jpg 作为背景图像。

2. 输入并编辑文字

(1) 在网页第一行输入"昆明概况"4 个字。

(2) 光标定位在下一段,单击菜单"插入"|"表格",插入一个 1 行 1 列的表格,在单元格内输入段落"区号"、"邮编"、"人口"、"面积"、"位置"、"区划"的文字内容,将表格属性"边框颜色"设为蓝色。

(3) 光标放在单元格内,单击"文档"工具栏上的"代码"按钮,切换到"代码"视图。在<td>后面输入<marquee direction="up"　scrolldelay="200" scrollamount="5">,在结束标记符</td>前面输入结束标记符</marquee>,此时括在<marquee></marquee>之间的段落会向上滚动(代码如图 4-11 所示)。

(4) 将素材文件夹 materials\昆明概况.doc 文件中的文本内容复制到网页中,每个段落首行加两个空格,即在中文输入法全角状态下按两次空格键。

(5) 在最后一行输入文字"返回上页",以后链接到 table.html。

(6) 单击菜单"插入"|HTML|"水平线",在页面底部插入一根水平线。

```
<table width="800" border="1" align="center" bordercolor="#0000FF">
  <tr>
    <td><marquee direction="up"  scrolldelay="200" scrollamount="5">
    <p><strong>区号</strong>: 0871 </p>
      <p><strong>邮编</strong>: 650000 </p>
      <p><strong>人口</strong>: 总人口现有379万, 有26个民族 </p>
      <p><strong>面积</strong>: 昆明市总面积15561平方公里 </p>
      <p><strong>位置</strong></p>
    : 地处云南省中部, 四面环山, 以东金马山、以南白鹤山、以西碧鸡山、以北长
      <p><strong>区划</strong></p>
    : 盘龙区、五华区、官渡区、西山区、东川区、安宁市、富民县、嵩明县、呈贡
    族自治县、石林彝族自治县、寻甸回族彝族自治县。 </p></marquee></td>
  </tr>
</table>
```

图 4-11　滚动字幕标记符

（7）回车后，输入版权信息及地址信息，两行之间按下 Shift＋Enter，即换行不分段。其中“©”为特殊字符，使用菜单“插入”|HTML|“特殊字符”来插入。

3. 设置文字格式

（1）在“标签选择器”中单击＜body＞标签，选中整个页面，单击“属性”面板的“文本缩进”按钮。

（2）选中第一段“昆明概况”，在“属性”面板中设置如下：“字体”为“隶书”，“大小”为 46 像素，“颜色框”中输入 black 或♯000000，即黑色，单击“居中对齐”按钮。

（3）将光标定位于段落“昆明简介”，单击“属性”面板的“项目列表”按钮，创建项目列表。

（4）单击“属性”面板中的“列表项目”按钮，在打开的“列表属性”对话框中，选择“样式”下拉框的“正方形”项。

（5）选中标题文字“昆明简介”，从“属性”面板上的“格式”下拉框中选择“标题 3”。

（6）重复步骤（3）、（4）、（5），分别将“昆明历史”、“昆明经济”、“昆明旅游”、“昆明交通”、“城市建设”、“民风民俗”设置为项目列表和“标题 3”，如图 4-12 所示。

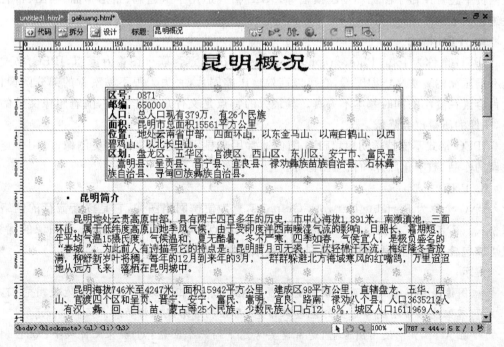

图 4-12　“昆明概况”效果图

（7）保存，按 F12 预览网页。

4.5　图像

图像是网页中不可缺少的元素，在网页中所起到的作用不仅是对文字内容的补充说明，更多的是对网页的美化和点缀。通常，网页中的图形图像主要起到以下三方面的作用。

（1）美化网页。网页版面的设计往往离不开图形图像。图形图像的使用可以使网页增色不少。

（2）对事物做图形化说明。有时用图形图像比用文字更容易直观地表现其内涵。

（3）作为网页动态效果的载体。通过对图像添加提示文字、鼠标经过图像或创建热点区域等操作，使图像成为网页动态效果的载体。

4.5.1　常用 Web 图像格式

虽然有很多种计算机图像格式，但由于受网络带宽和浏览器的限制，互联网上常用的图像格式包括三种：GIF、JPEG 和 PNG。其中使用最为广泛的是 GIF 和 JPEG。网页图像的素材有很多来源，如可以使用图形图像处理软件（如 Photoshop、Fireworks 和 FreeHand 等软件）制作，可以购买网页素材光盘，也可以从网络上下载等。

1. GIF 格式

GIF 全称为 Graphics Interchange Format，意为可交换图像格式，它是第一个支持网页的图像格式，在 PC 和苹果机上都能被正确识别。它最多支持 256 种颜色，可以使图像变得容量相当小。GIF 图像可以在网页中以透明方式显示，还可以包含动态信息，即 GIF 动画。在网页中经常用做小图标和动画横幅等。GIF 格式适用于卡通画、素描作品、插图、带有大块纯色区域的图形、透明图形、简单动画等。

2. JPEG 格式

JPEG 全称为 Joint Photographic Experts Group，意为联合图像专家组，JPEG 格式使用有损压缩的算法来压缩图像，它可以高效地压缩图片，丢失人眼不易察觉的部分图像，使文件容量在变小的同时基本不失真。其最大的特点是文件尺寸非常小，随着图像文件的减小，图像的质量也会降低。

JPEG 格式不支持透明色，JPEG 图像通常用来显示颜色丰富的精美图像、应用于连续色调的作品、数字化照片和扫描图像等。

3. PNG 格式

PNG 全称为 Portable Network Graphics，意为便携网络图像，它是逐渐流行的网络图像格式。PNG 格式既融合了 GIF 能透明显示的特点，又具有 JPEG 处理精美图像的优势，且可以包含图层等信息，常常用于制作网页效果图。

提示：

- 图像虽然是导致网页下载速度缓慢的主要因素，但是如果能够合理地使用它们，则不但能够帮助浏览者更好地读取信息，而且能够形成独特的站点风格。

- 在 Web 页中使用图像前，通常需要考虑下列三个问题：①确保文件较小；②控制图像的数量和质量；③合理使用动画。

4.5.2 插入图像

在将图像插入 Dreamweaver 文档时,Dreamweaver 自动在 HTML 源代码中生成对该图像文件的引用。为了确保此引用的正确性,该图像文件必须位于当前站点中。如果图像文件不在当前站点中,Dreamweaver 会询问您是否要将此文件复制到当前站点中。

1. 插入图像

在制作网页时,先构想好网页布局,在图像处理软件中将需要插入的图片进行处理,然后存放在站点根目录下的文件夹里。

插入图像的方法有以下 4 种。

1) 菜单操作

(1) 将光标放置在文档窗口中需要插入图像的位置,单击菜单"插入"|"图像"。

(2) 在弹出的"选择图像源文件"对话框中,选择要插入的图像文件。

(3) 单击"确定"按钮,则该图像插入到指定位置。

2) 使用"插入"工具栏

(1) 单击"插入"工具栏左边的下拉按钮,选择"常用"选项。

(2) 单击常用插入栏的"图像"按钮,在弹出的下拉菜单中单击"图像"项(图 4-13)。

(3) 在弹出的"选择图像源文件"对话框中,选择要插入的图像文件。

(4) 单击"确定"按钮,则该图像插入到指定位置。

3) 使用"资源"面板操作

(1) 选择菜单"窗口"|"资源",打开"资源"面板(图 4-14)。

(2) 单击"资源"面板左侧的"图像"按钮,则右边显示站点内所有图像文件列表。

(3) 从图像文件列表中选择所需图像文件,拖动到文档窗口内。

注意:该方法适用于将站点中已存在的图像文件插入到网页中。

4) 使用快捷键操作

(1) 将光标放置在文档窗口中需要插入图像的位置,按下 Ctrl+Alt+I 快捷键。

(2) 在弹出的"选择图像源文件"对话框中,选择要插入的图像文件。

(3) 单击"确定"按钮,则该图像插入到指定位置。

注意:如果在插入图片的时候,没有事先将图片保存在站点根目录下,会弹出如图 4-15 所示的对话框,提醒我们要把图片复制进站点根文件夹,这时单击"是"按钮,然后选择本地站点的路径将图片保存,图像也可以被插入到网页中。

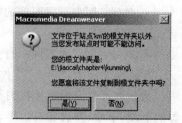

图 4-13 "图像"下拉菜单　　　图 4-14 "资源"面板　　　图 4-15 插入图像提示框

2. 设置图像属性

选中图像后,在"属性"面板中显示出了图像的属性,如图 4-16 所示。

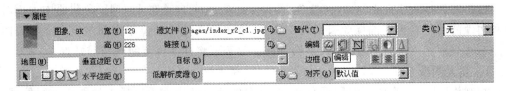

图 4-16　图像属性面板

在"属性"面板的左上角,显示当前图像的缩略图,同时显示图像的大小。图像的"属性"面板上各参数的含义如下。

- **图像输入框**:在缩略图右侧有一个文本框,用来对当前图像命名。以便在使用 Dreamweaver 行为(例如"交换图像")或脚本语言(例如 JavaScript 或 VBScript)时可以引用该图像。
- **宽和高**:以像素为单位指定图像的宽度和高度。在页中插入图像时,Dreamweaver 自动用图像的原始尺寸更新这些文本框。当图像的大小改变时,属性栏中"宽"和"高"的数值会以粗体显示,并在旁边出现一个弧形箭头("重设图像大小"按钮),单击它可以恢复图像的原始大小(或者单击"宽"和"高"文本框标签也可恢复原始值)。

注意:可以更改这些值来缩放该图像实例的显示大小,但这不会缩短下载时间,因为浏览器在缩放图像前会下载所有图像数据。若要缩短下载时间并确保所有图像实例以相同大小显示,需要使用图像编辑应用程序缩放图像。

如果电脑里安装了 Fireworks 软件,单击属性面板的"编辑"栏上的"编辑"按钮,即可启动 Fireworks 对图像进行缩放等处理。

- **源文件**:在属性面板的"源文件"文本框中显示了图像的保存路径,如果要重新插入一幅新图像,选中图像,在属性面板中的"源文件"文本框中重新输入要插入图像的地址或单击右侧后的"文件夹"图标,在打开的"选择图像源文件"对话框中重新选择需要的图像。
- **链接**:指定图像的超级链接。将"指向文件"图标拖到"站点"面板中的某个文件或单击文件夹图标浏览到站点上的某个文档,或手动输入 URL。
- **水平边距**:沿图像左侧和右侧添加边距。默认量度单位是像素。
- **垂直边距**:沿图像的顶部和底部添加边距。默认量度单位是像素。
- **边框**:用来设置图像边框的宽度,默认的边框宽度为 0。
- **替代**:用来设置图像的替代文本,可以输入一段文字,当图像无法显示时,将显示这段文字。
- **对齐**:可以对齐同一行上的图像和文本。

在属性面板中,"对齐"下拉列表框可以设置图像与文本的相互对齐方式,共有 10 个选项。通过它可以设置图片在浏览器当中居左对齐、居中对齐、居右对齐以及将文字对齐到图像的上端、下端、左边和右边等,从而灵活实现文字与图片的混排效果。图像与文字顶端、居中、底部对齐方式如图 4-17 所示。

- **地图名称和热点工具**:允许标注和创建客户端图像地图。

- **目标**：指定链接的页面应当在其中载入的框架或窗口。（当图像没有链接到其他文件时，此选项不可用。）当前框架集中所有框架的名称都显示在"目标"列表中。也可选用下列保留目标名。

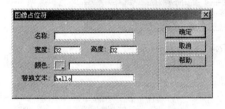

图 4-17 图像与文字顶端、居中、底部对齐方式

  - _blank 将链接的文件载入一个未命名的新浏览器窗口中。
  - _parent 将链接的文件载入含有该链接的框架的父框架集或父窗口中。如果包含链接的框架不是嵌套的，则链接文件加载到整个浏览器窗口中。
  - _self 将链接的文件载入该链接所在的同一框架或窗口中。此目标是默认的，所以通常不需要指定它。
  - _top 将链接的文件载入整个浏览器窗口中，因而会删除所有框架。
- **重设大小**：将"宽"和"高"的值重设为图像的原始大小。调整所选图像的值时，此按钮显示在"宽"和"高"文本框的右侧。
- **编辑栏**：提供一组按钮，用来对图像进行编辑操作，如裁剪图像的"裁剪"按钮、调节图像亮度和对比度的"亮度和对比度"按钮、调整图像的清晰度的"锐化"按钮等。其中，单击"编辑"按钮将启动 Fireworks 进行图像编辑，前提条件是计算机中已经安装了 Fireworks 软件。

4.5.3 插入图像占位符

制作网页时还未选定需插入的图像，但确定了图像大小的时候，可以使用占位符来代替图像的方式插入到文档中。所谓图像占位符就是指图像在尚未编辑完成之前，用于保留该图像的位置和尺寸的图像。插入图像占位符有以下两种方法。

图 4-18 "图像占位符"对话框

（1）单击常用工具栏上"图像"下拉列表中的"图像占位符"，打开"图像占位符"对话框（图 4-18）。

（2）选择菜单"插入"|"图像对象"|"图像占位符"，打开"图像占位符"对话框。

"图像占位符"对话框各参数的含义如下。

- **名称**：输入图像占位符对象的名称，即设计视图下图像占位符中显示的文本。该项可以不输入任何内容。
- **宽度、高度**：设置图像占位符的宽度和高度，默认的量度单位为像素。
- **颜色**：设置图像占位符的颜色，该项也可以不设。
- **替换文本**：和"属性"面板的"替代"项相同，设置出现在图像位置上的文本，该文字将出现在只显示文本的浏览器或手动设置关闭了图像下载功能的浏览器中，或者鼠标指向图像时会出现替换文字。

选中图像占位符，出现"图像占位符"属性面板，除了以上几个参数外，还有：
- **源文件**：指定图像的源文件。对于占位符图像，此文本框为空。以后图像准备好以后，单击"浏览"按钮来为占位符图形选择替换图像。

- **链接**：为图像占位符指定超链接。将"指向文件"图标拖到"站点"面板中的某个文件，或者单击文件夹图标浏览到站点上的某个文档，或者手动输入 URL。

4.5.4 插入鼠标经过图像

鼠标经过图像是一种在浏览器中查看并使用鼠标指针移过它时发生变化的图像。

鼠标经过图像实际上由两个图像组成，主图像（当首次载入页时显示的图像）和次图像（当鼠标指针移过主图像时显示的图像）。这两张图片要大小相等，如果不相等，Dreamweaver 自动调整次图片的大小跟主图像大小一致，鼠标经过图像自动设置为响应 onMouseOver 事件。

若要创建鼠标经过图像，操作步骤如下。

(1) 在"文档"窗口中，将插入点放置在要显示鼠标经过图像的位置。

(2) 使用以下方法之一插入鼠标经过图像。

- 在"插入"栏中，选择"常用"，单击"图像"下拉列表中的"鼠标经过图像"图标。
- 选择菜单"插入"|"图像对象"|"鼠标经过图像"。

(3) 在打开的"插入鼠标经过图像"对话框中（图 4-19）进行相应的设置。

(4) 单击"确定"按钮，则在指定位置插入鼠标经过图像。

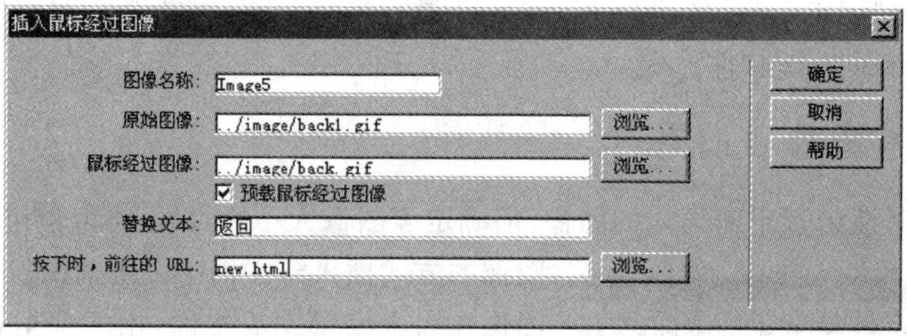

图 4-19 "插入鼠标经过图像"对话框

【例 4-2】 网页插入图像实例。

在"昆明概况"网页 gaikuang. html 中插入图像。

1. 插入图像文件 xishan. jpg

(1) 在"文件"面板的站点管理器中双击 files 文件夹中的 gaikuang. html 文件，打开该文件。

(2) 将光标定位在"昆明简介"标题的下一段的段首，单击菜单"插入"|"图像"，将打开"选择图像源文件"对话框。

(3) 选择 materails\xishan. jpg，单击"确定"按钮插入该图像。

(4) 选中该图像，在"属性"面板中进行如下设置。

"替代"框中输入"昆明西山"；"边框"框中输入 1；"对齐"下拉框中单击"左对齐"；"垂直边距"和"水平边距"框中均输入 5。

2. 插入图像文件 shiboyuan. jpg

(1) 将光标定位在"昆明旅游"标题的后面，单击菜单"插入"|"图像"，将打开"选择图像源文件"对话框。

(2) 选择 materails\shiboyuan. jpg，单击"确定"按钮插入该图像。

（3）选中该图像，在"属性"面板中进行如下设置。

"替代"框中输入"世博园"；"边框"框中输入 1；"对齐"下拉框中单击"右对齐"；"垂直边距"和"水平边距"框中均输入 5。

3. 插入图像文件 jiaotong.jpg

（1）将光标定位在"城市建设"标题的下一段的段首，单击菜单"插入"|"图像"，将打开"选择图像源文件"对话框。

（2）选择 materails\jiaotong.jpg，单击"确定"按钮插入该图像。

（3）选中该图像，在"属性"面板中进行如下设置。

"替代"框中输入"城市建设"；"边框"框中输入 1；"对齐"下拉框中单击"左对齐"；"垂直边距"和"水平边距"框中均输入 5。

4. 插入图像文件 poshuijie.jpg

（1）将光标定位在"民风民俗"标题的后面，单击菜单"插入"|"图像"，将打开"选择图像源文件"对话框。

（2）选择 materails\poshuijie.jpg，单击"确定"按钮插入该图像。

（3）选中该图像，在"属性"面板中进行如下设置。

"替代"框中输入"民风民俗"；"边框"框中输入 1；"对齐"下拉框中单击"右对齐"；"垂直边距"和"水平边距"框中均输入 5。

（4）保存网页，按 F12 预览网页。

【例 4-3】 网页制作实例。

以前面所述相同方式创建网页 jindian.html，并添加文字及图片。用＜marquee＞标记符将标题"昆明旅游景点"设置为左右滚动效果。最终效果如图 4-20 所示。

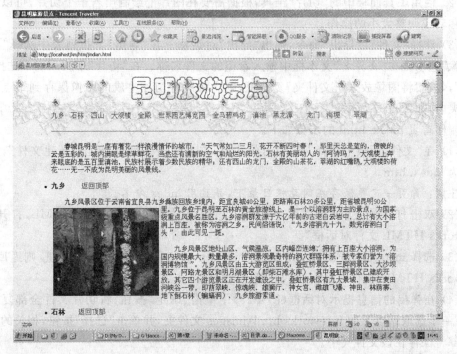

图 4-20 "昆明旅游"网页 jindian.html 效果

4.5.5　插入 Fireworks HTML 文件

用 Fireworks 可以导出 Fireworks HTML 文件,在网页中插入 Fireworks HTML 文件方法有以下两种。

(1) 单击常用工具栏上"图像"下拉列表中的"Fireworks HTML 文件",打开"Fireworks HTML 文件"对话框,如图 4-21 所示,单击"浏览"按钮选择要插入的 Fireworks HTML 文件,单击"确定"按钮。

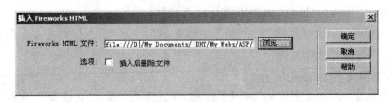

图 4-21　"插入 Fireworks HTML"对话框

(2) 选择菜单"插入"|"图像对象"|"Fireworks HTML 文件",打开"Fireworks HTML 文件"对话框。单击"浏览"按钮选择要插入的 Fireworks HTML 文件,单击"确定"按钮。

【例 4-4】　网站首页实例制作。

为"昆明之光"网站创建首页 index.html,该首页通过插入 Fireworks HTML 文件来布局页面,插入的 Fireworks HTML 文件是由 Fireworks 制作的图像切片导出的。

用 Fireworks 制作图像切片的步骤如下。

(1) 启动 Fireworks,新建 Fireworks 文档,单击"文件"|"导入"命令,导入一幅准备好的图片。

(2) 使用工具面板中的"切片"工具,根据需要在图片上绘制出若干个切片,可以对切片进行移动或调整大小的操作。

(3) 选择"文件"|"导出"命令,弹出"导出"对话框。在"导出"下拉列表中选择"HTML和图像"选项。在"文件名"文本框中输入希望的文件名称。在"切片"下拉列表中选择"导出切片",勾选"将图像放入子文件夹"复选框,则会将所有切片生成的图像保存到站点的图像文件夹内,如图 4-22 所示。

制作首页 index.html 的步骤如下。

(1) 在"文件"面板中选择 km 为当前站点,右击网站根目录,单击"新建文件",重命名文件为 index.htm。

注意:首页一定要保存在网站根目录下,并且用 index 命名。

(2) 双击打开该文件,单击菜单"插入"|"图像对象"|Fireworks HTML,打开"插入Fireworks HTML 文件对话框"。

(3) 选择 materials\Fireworks html\index.htm 文件,单击"打开"按钮,则返回"插入Fireworks HTML"文件对话框,单击"确定"按钮。

(4) 在弹出的信息提示对话框(图 4-23)中单击"确定"按钮,将切片文件全部复制到站点,下一步选取站点下的 Fireworks html\images 文件夹,并单击"选择"按钮,相关的切片图像全部将保存在该文件夹中。

(5) 选中插入的 Fireworks HTML 文件(单击<table>),在"属性"面板中设置"对齐"

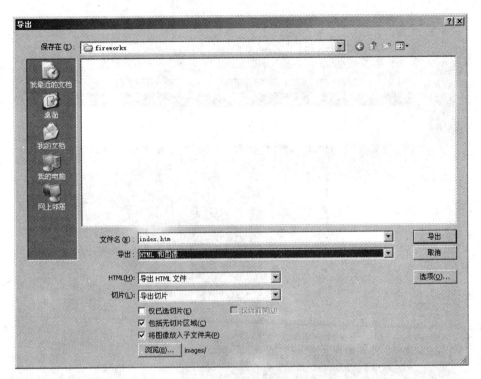

图 4-22　"导出"对话框

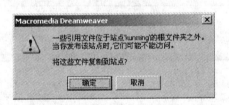

图 4-23　信息提示对话框

方式为"居中对齐"。

（6）单击菜单"修改"|"页面属性"，在打开的"页面属性"对话框中单击"分类"列表中的"外观"项，单击"背景颜色"框。

（7）此时鼠标变成"吸管"形状，用"吸管"选取页面中的背景颜色，单击"确定"按钮。

（8）如图 4-24 所示，在三个空白位置上分别插入"Flash 动画"、"Flash 图像查看器"和"Flash 按钮"。单击菜单"插入"|"媒体"|Flash，插入 materials\welcome. swf 动画文件；单击菜单"插入"|"媒体"|"图像查看器"，首先保存此 Flash 元素为 yunnan. swf，再设置每个图片的地址；单击菜单"插入"|"媒体"|"Flash 按钮"，插入一个按钮文本为"下一页"的 Flash 按钮。

（9）单击"文档"工具栏上的"代码"按钮，切换到"代码"视图，在 <body> 后面输入以下代码，以浏览方式添加 materials\Track 7. mp3 作为背景音乐。

```
< bgsound src = "背景音乐路径及文件名" loop = " - 1">
```

（10）保存网页，按 F12 预览网页，浏览效果如图 4-25 所示。

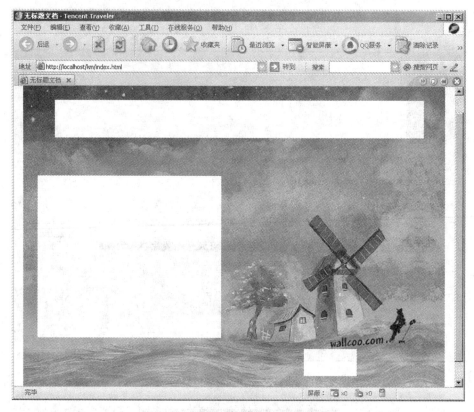

图 4-24 "昆明之光"首页设计效果图

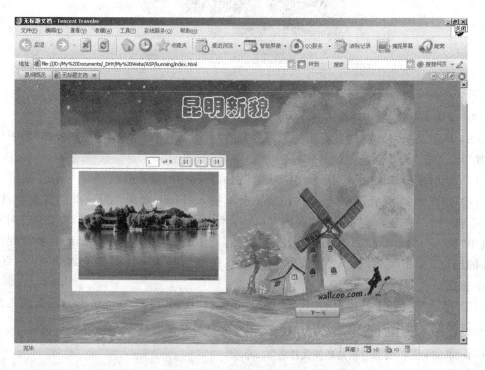

图 4-25 首页浏览效果图

4.6 超链接

超链接在本质上属于一个网页的一部分,它是一种允许我们同其他网页或站点之间进行连接的元素。各个网页链接在一起后,才能真正构成一个网站。所谓的超链接是指从一个网页指向一个目标的连接关系,这个目标可以是另一个网页,也可以是相同网页上的不同位置,还可以是一个图片、一个电子邮件地址、一个文件,甚至是一个应用程序。而在一个网页中用做超链接的对象,可以是一段文本或者是一个图片。当浏览者单击已经链接的文字或图片后,链接目标将显示在浏览器上,并且根据目标的类型来打开或运行。

4.6.1 超链接的类型

在一个文档中可以创建以下几种类型的链接。

- 链接到其他文档或文件(如图形、影片、PDF 或声音文件)的链接。
- 命名锚记链接,此类链接跳转至文档内的特定位置。
- 电子邮件链接,此类链接新建一个收件人地址已经填好的空白电子邮件。
- 空链接和脚本链接,此类链接使您能够在对象上附加行为或者创建执行 JavaScript 代码的链接。

注意:创建链接之前,一定要清楚文档相对路径、站点根目录相对路径以及绝对路径的工作方式。

4.6.2 文档位置和路径

了解从作为链接起点的文档到作为链接目标的文档之间的文件路径对于创建链接至关重要。

每个网页都有一个唯一的地址,称为统一资源定位标识(URL)。不过,当创建本地链接(即从一个文档到同一站点上另一个文档的链接)时,通常不指定要链接到的文档的完整URL,而是指定一个始于当前文档或站点根文件夹的相对路径。

有以下三种类型的链接路径。

- 绝对路径(例如 http://www.macromedia.com/support/dreamweaver/contents.html)。
- 文档相对路径(例如 dreamweaver/contents.html)。
- 站点根目录相对路径(例如 /support/dreamweaver/contents.html)。

使用 Dreamweaver 可以方便地选择要为链接创建的文档路径的类型。

1. 文档相对路径

文档相对路径对于大多数 Web 站点的本地链接来说,是最适用的路径。在当前文档与所链接的文档处于同一文件夹内,而且可能保持这种状态的情况下,文档相对路径特别有用。文档相对路径还可用来链接到其他文件夹中的文档,方法是利用文件夹层次结构,指定从当前文档到所链接的文档的路径。

文档相对路径的基本思想是省略掉对于当前文档和所链接的文档都相同的绝对 URL部分,而只提供不同的路径部分。

若成组地移动一组文件,例如移动整个文件夹时,该文件夹内所有文件保持彼此间的相对路径不变,此时不需要更新这些文件间的文档相对链接。但是,当移动含有文档相对链接的单个文件或者移动文档相对链接所链接到的单个文件时,则必须更新这些链接。

2. 站点根目录相对路径

站点根目录相对路径提供从站点的根文件夹到文档的路径。如果在处理使用多个服务器的大型 Web 站点或者在使用承载有多个不同站点的服务器,则可能需要使用这些类型的路径。不过,如果不熟悉此类型的路径,最好坚持使用文档相对路径。

站点根目录相对路径以一个正斜杠开始,该正斜杠表示站点根文件夹。例如:/support/tips. html 是文件(tips. html)的站点根目录相对路径,该文件位于站点根文件夹的 support 子文件夹中。

在某些 Web 站点中,需要经常在不同文件夹之间移动 HTML 文件,在这种情况下,站点根目录相对路径通常是指定链接的最佳方法。移动含有根目录相对链接的文档时,不需要更改这些链接。例如,如果某 HTML 文件对相关文件(如图像)使用根目录相对链接,则移动 HTML 文件后,其相关文件链接依然有效。

但是,如果移动或重命名根目录相对链接所链接的文档,即使文档彼此之间的相对路径没有改变,仍必须更新这些链接。例如,如果移动某个文件夹,则指向该文件夹中文件的所有根目录相对链接都必须更新。

3. 绝对路径

绝对路径提供所链接文档的完整 URL,而且包括所使用的协议,http://www.macromedia. com/support/dreamweaver/contents. html 就是一个绝对路径。

必须使用绝对路径,才能链接到其他服务器上的文档。尽管对本地链接(即到同一站点内文档的链接)也可使用绝对路径链接,但不建议采用这种方式,因为一旦将此站点移动到其他域,则所有本地绝对路径链接都将断开。对本地链接使用相对路径还能在需要在站点内移动文件时,提供更大的灵活性。

设置超链接时,在"选择文件"对话框中,从"相对于"下拉列表中选择相对于"文档"或"站点根目录",如图 4-26 所示。

注意:

(1) Dreamweaver 使用文档相对路径创建指向站点中其他网页的链接。还可以让 Dreamweaver 使用站点根目录相对路径创建新链接。

图 4-26　"选择文件"对话框

(2) 应始终先保存新文件,然后再创建文档相对路径,因为如果没有一个确切的起点,文档相对路径无效。如果在保存文件之前创建文档相对路径,Dreamweaver 将临时使用以 file:// 开头的绝对路径,直至该文件被保存;当保存文件时,Dreamweaver 将 file:// 路径转换为相对路径。

4.6.3　创建页面链接

页面链接就是指向其他网页或文件的超级链接,单击这些链接时将跳转到相应的网页或文件。如果链接的目标文件位于同一网站,通常使用相对于当前文档的文件路径,如果链接的文件位于当前网站之外,则使用绝对路径。

创建页面链接的方法有以下 3 种。

1. 使用"插入"菜单或"插入"工具栏创建超链接

(1) 将光标定位于要插入超链接的位置。

(2) 执行如下操作之一,显示"超级链接"对话框。

• 选择菜单"插入"|"超级链接"。

• 在"插入"栏的"常用"类别中,单击"超级链接"按钮。

(3) 在打开的"超级链接"对话框(图 4-27)中进行相应的设置,例如输入链接的文本、选择链接的目标文件和目标等。

(4) 单击"确定"按钮,则在指定的位置插入超级链接。

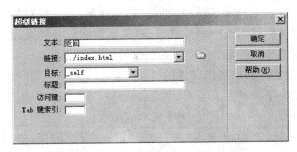

图 4-27 "超级链接"对话框

2. 使用"属性"面板创建或修改超链接

(1) 在"文档"窗口的"设计"视图中选择文本或图像。

(2) 打开"属性"面板(选择菜单"窗口"|"属性"),然后执行下列操作之一。

• 单击"链接"文本框右侧的文件夹图标,单击"浏览"按钮,打开"选择文件"对话框(图 4-28),选择要链接的文件。

• 在"链接"文本框中输入文档的路径和文件名。

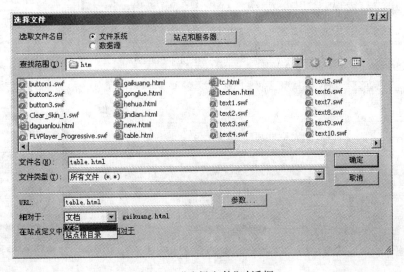

图 4-28 "选择文件"对话框

若要链接到站点内的文档,请输入文档相对路径或站点根目录相对路径。若要链接到站点外的文档,输入包含协议(如 http://)的绝对路径。此种方法可用于输入尚未创建的文件的链接。

(3) 从"目标"弹出菜单中,选择文档打开的位置。

若要使所链接的文档出现在当前窗口或框架以外的其他位置,可从"属性"面板的"目标"下拉菜单中选择一个选项。

- _blank 将链接的文档载入一个新的、未命名的浏览器窗口。
- _parent 将链接的文档载入该链接所在框架的父框架或父窗口。如果包含链接的框架不是嵌套框架,则所链接的文档载入整个浏览器窗口。
- _self 将链接的文档载入链接所在的同一框架或窗口。(默认值)
- _top 将链接的文档载入整个浏览器窗口,从而删除所有框架。

3. 使用"指向文件"图标直接指向要链接的文件

这种方法适合于创建指向站点内文件的链接。

(1) 打开"文件"面板。

(2) 在"文档"窗口的"设计"视图中选择文本或图像。

(3) 拖动"属性"面板中"链接"文本框右侧的"指向文件"图标,然后指向另一个打开的文档、已打开文档中的可见锚记或者指向"文件"面板中的一个文档(图 4-29)。"链接"文本框将更新,以显示该链接。

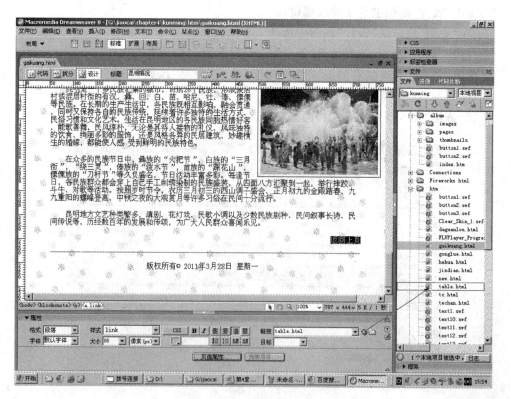

图 4-29 "指向文件"图标

（4）释放鼠标按钮。

4.6.4 创建锚记链接

命名锚记使您可以在文档中设置标记，这些标记通常放在文档的特定主题处或顶部。然后可以创建到这些命名锚记的链接，这些链接可快速将访问者带到指定位置。

创建到命名锚记的链接的过程分为两步。首先，创建命名锚记，然后创建到该命名锚记的链接。

若要创建命名锚记，请执行以下操作。

（1）在"文档"窗口的"设计"视图中，将插入点放在需要命名锚记的地方。

（2）执行下列操作之一。

- 选择菜单"插入"|"命名锚记"。
- 按下 Ctrl＋Alt＋A 组合键。
- 在"插入"栏的"常用"类别中，单击"命名锚记"按钮。

出现"命名锚记"对话框。

（3）在"锚记名称"文本框中（图 4-30），输入锚记的名称，并单击"确定"按钮。

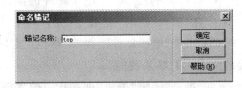

锚记标记在插入点处出现。

注意：如果看不到锚记标记，可选择"查看"|"可视化助理"|"不可见元素"。

图 4-30 "命名锚记"对话框

若要链接到命名锚记，请执行以下操作。

（1）在"文档"窗口的"设计"视图中，选择要创建锚记链接的文本或图像。

（2）在"属性"面板的"链接"文本框中，输入"＃锚记名称"。例如：

- 若要链接到当前文档中的名为 top 的锚记，输入 ＃top。
- 若要链接到同一文件夹内其他文档中的名为 top 的锚记，请输入 filename. html ＃top。

注意：锚记名称区分大小写。

【例 4-5】 网页锚记链接制作实例。

为"昆明之光"网站中的网页 jindian. html 创建锚记链接。

（1）在"文件"面板中选择 km 为当前网站，在 files 文件夹中新建网页 jindian. html，双击打开该文件。

（2）单击菜单"修改"|"页面属性"，单击"分类"中的"外观"项，设置"大小"为 16，网页"背景图像"为 materials/back2. gif。

（3）将光标定位到项目列表"九乡"前，单击菜单"插入"|"命名锚记"。

（4）在弹出的"命名锚记"对话框的"锚记名称"框中输入 jx，并确定。

（5）选择网页第二行的"九乡"文本。在"属性"面板的"链接"输入框中输入＃jx。

（6）以相同的操作方法为网页第二行的所有标题创建指向网页中相应的项目列表的锚记链接。

（7）将光标定位在网页第一行"昆明旅游景点"前面，以相同操作方法在此处插入一个名为 top 的命名锚记。

（8）依次选择网页中每个项目列表后面的"返回顶部"文本，在"属性"面板的"链接"输入框中输入♯top。

（9）保存网页，按F12预览网页。

4.6.5 创建电子邮件链接

单击电子邮件链接时，该链接打开一个新的空白信息窗口（使用的是与用户浏览器相关联的邮件程序）。在电子邮件消息窗口中，"收件人"文本框自动更新为显示电子邮件链接中指定的地址。

1. 使用"插入"工具栏或"插入"菜单创建电子邮件链接

（1）在"文档"窗口的"设计"视图中，将插入点放在希望出现电子邮件链接的位置或者选择要作为电子邮件链接出现的文本或图像。

（2）执行下列操作之一，插入该链接。

- 选择菜单"插入"|"电子邮件链接"。
- 在"插入"栏的"常用"类别中，单击"电子邮件链接"按钮。

（3）出现"电子邮件链接"对话框（图4-31），在"文本"框中输入网页中作为电子邮件链接的文本，如"联系我们"。

（4）单击"确定"按钮，则在指定位置插入一个电子邮件链接。

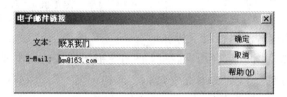

图4-31 "电子邮件链接"对话框

2. 使用"属性"面板创建电子邮件链接

（1）在"文档"窗口的"设计"视图中选择文本或图像。

（2）在属性检查器的"链接"文本框中，输入 mailto:电子邮件地址。

注意：在冒号和电子邮件地址之间不能输入任何空格。例如，输入 mailto:jlydon@macromedia.com。

4.6.6 创建图像热点链接

图像地图指已被分为多个区域（或称"热点"）的图像；当用户单击某个热点时，会发生某种操作（例如，打开一个新文件）。

1. 创建图像热点链接

（1）在"文档"窗口中，选择图像。

（2）在"属性"面板中，单击右下角的展开箭头，查看所有属性。

（3）在"地图名称"文本框中为该图像地图输入唯一的名称。

注意：如果在同一文档中使用多个图像地图，要确保每个地图都有唯一名称。

（4）定义图像地图区域，请执行下列操作之一。

- 选择圆形工具，此时鼠标指针变成十字形指针，将鼠标指针移至图像上，按下鼠标并拖动，创建一个圆形热点。
- 选择矩形工具，此时鼠标指针变成十字形指针，将鼠标指针移至图像上，按下鼠标并拖动，创建一个矩形热点。
- 选择多边形工具，此时鼠标指针变成十字形指针，将鼠标指针移至图像上，在各个顶点上单击一下，定义一个不规则形状的热点。然后单击箭头工具封闭此形状。

创建热点后，出现热点的"属性"面板（图 4-32）。

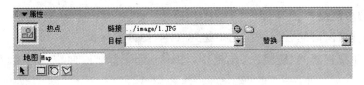

图 4-32 "热点"属性面板

（5）在热点"属性"面板中完成有关设置。

（6）完成绘制图像地图后，在该文档的空白区域单击，以便更改"属性"面板。

2. 修改图像地图

可以移动热点，调整热点大小，或者在层之间向上或向下移动热点。

还可以将含有热点的图像从一个文档复制到其他文档或者复制某图像中的一个或多个热点，然后将其粘贴到其他图像上；这样就将与该图像关联的热点也复制到了新文档中。

1）选择图像地图中的多个热点

（1）使用指针热点工具选择一个热点。

（2）执行下列操作之一。

- 按下 Shift 键的同时单击要选择的其他热点。
- 按 Ctrl＋A 选择所有的热点。

2）移动热点

（1）使用指针热点工具选择要移动的热点。

（2）执行下列操作之一。

- 将此热点拖动到新区域。
- 用 Shift ＋ 箭头键将热点向选定方向一次移动 10 个像素。
- 使用箭头键将热点向选定方向一次移动 1 个像素。

3）调整热点的大小

（1）用指针热点工具选择要调整大小的热点。

（2）拖动热点选择器手柄，更改热点的大小或形状。

4.6.7 创建空链接和脚本链接

除了链接到文档和命名锚记的链接之外，还有其他一些链接类型。

空链接：是未指派的链接。空链接用于向页面上的对象或文本附加行为。创建空链接后,可向空链接附加行为,以便当鼠标指针滑过该链接时,交换图像或显示层。

脚本链接:执行 JavaScript 代码或调用 JavaScript 函数。它非常有用,能够在不离开当前网页的情况下为访问者提供有关某项的附加信息。脚本链接还可用于在访问者单击特定项时,执行计算、表单验证和其他处理任务。

1. 创建空链接

(1) 在"文档"窗口的"设计"视图中选择文本、图像或对象。

(2) 在属性检查器中,将 javascript:;(javascript 一词后依次接一个冒号和一个分号)输入"链接"文本框。

2. 创建脚本链接

(1) 在"文档"窗口的"设计"视图中选择文本、图像或对象。

(2) 在属性检查器的"链接"文本框中,输入 javascript:后面跟一些 JavaScript 代码或函数调用。

例如,在"链接"文本框中输入 javascript:alert('This link leads to the index') 可生成这样一个链接:单击该链接时,会显示一个含有"This link leads to the index"消息的 JavaScript 警告框。

注意:因为在 HTML 中 JavaScript 代码放在双引号中(作为 href 属性的值),所以在脚本代码中必须使用单引号,或者可通过在双引号前添加反斜杠,将所有双引号"转义"(例如,\"This link leads to the index\")。

4.7　多媒体对象

随着多媒体技术和网络技术的发展,网页中除了可以插入文字和图像外,还可以在 Dreamweaver 文档中插入 Flash SWF 文件或 Flash 按钮、Flash 文字、QuickTime 或 Shockwave 影片、Java applet、ActiveX 控件或者其他音频或视频对象。

动画是网页中必不可少的元素,除了常见的 GIF 动画外,常见的是用 Flash 制作出的 .swf 格式的动画。此外网页中另一种动画形式是由 Macromedia 公司推出的 Director 制作而来的 Shockwave,其交互能力较强,同样受到网页设计者的欢迎。

ActiveX 控件是可以充当浏览器插件的可重复使用的组件,就像微型的应用程序。

Java applet 可以进一步增强网页的多媒体动态效果。

Flash 文件类型常用的有以下几种。

(1) Flash 文件 (.fla) 是动画的源文件,在 Flash 程序中创建。此类型的文件只能在 Flash 中打开(而不是在 Dreamweaver 或浏览器中打开)。可以在 Flash 中打开 Flash 文件,然后将它导出为 SWF 或 SWT 文件以在浏览器中使用。

(2) Flash SWF 文件 (.swf) 是 Flash (.fla) 文件的压缩版本,已进行了优化以便于在 Web 上查看。此文件可以在浏览器中播放并且可以在 Dreamweaver 中进行预览,但不能在 Flash 中编辑此文件。

(3) Flash 视频文件格式 (.flv)是一种视频文件,它包含经过编码的音频和视频数据,用于通过 Flash Player 传送。

　　若要在页面中插入多媒体对象，执行以下操作。

　　(1) 将插入点放在"文档"窗口中希望插入该对象的位置。

　　(2) 执行下列操作之一插入多媒体对象。

- 在"插入"栏的"常用"类别中，单击"媒体"按钮，并选择要插入的对象类型的按钮(图 4-33)。
- 从菜单"插入"|"媒体"子菜单中选择适当的对象。
- 若要插入的对象不是 Flash、Shockwave、Applet 或 ActiveX 对象，使用"插件"按钮。

图 4-33　"媒体"弹出
式菜单

4.7.1　插入 Flash 动画

　　(1) 在"文档"窗口的"设计"视图中，将光标定位在插入位置，然后执行以下操作之一。

- 在"插入"栏的"常用"类别中，选择"媒体"，然后单击"插入 Flash"图标。
- 选择"插入"|"媒体"|Flash。

　　(2) 在显示的对话框中，选择一个 Flash 文件 (.swf)。

Flash 占位符随即出现在"文档"窗口中(与 Flash 按钮和文本对象不同)。

若要在"文档"窗口中预览 Flash 内容，执行以下操作。

　　(1) 在"文档"窗口中，单击 Flash 占位符以选择要预览的 Flash 内容。

　　(2) 在"属性"面板中，单击"播放"按钮。单击"停止"可以结束预览。也可以通过按 F12 键在浏览器中预览 Flash 内容。

4.7.2　插入 Flash 文本

　　Flash 文本对象允许创建和插入只包含文本的 Flash SWF 文件。可以使用自己选择的字体和文本创建较小的矢量图形影片。

　　(1) 在"文档"窗口中，将光标定位在插入位置。

　　(2) 执行以下操作之一，打开"插入 Flash 文本"对话框(图 4-34)。

- 在"插入"栏的"常用"类别中，选择"媒体"，然后单击"Flash 文本"图标。
- 选择"插入"|"媒体"|"Flash 文本"。

　　(3) 完成"插入 Flash 文本"对话框的设置，然后单击"应用"或"确定"，将 Flash 文本插入"文档"窗口中。如果单击"应用"，则对话框保持打开状态，并且可以在文档中预览文本。

4.7.3　插入 Flash 按钮

　　注意：在插入 Flash 按钮或文本对象前，必须保存您的文档。

　　(1) 在"文档"窗口中，将光标定位在插入位置。

　　(2) 执行以下操作之一，打开"插入 Flash 按钮"对话框(图 4-35)。

- 在"插入"栏的"常用"类别中，选择"媒体"，然后单击"Flash 按钮"图标。
- 选择菜单"插入"|"媒体"|"Flash 按钮"。

　　(3) 完成"插入 Flash 按钮"对话框，然后单击"应用"或"确定"，将 Flash 按钮插入"文档"窗口中。

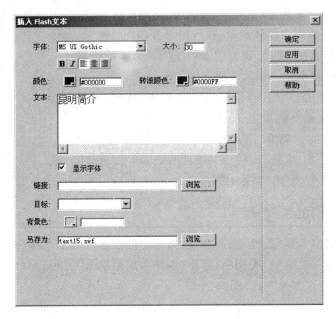

图 4-34 "插入 Flash 文本"对话框

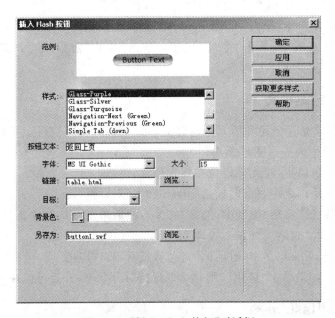

图 4-35 "插入 Flash 按钮"对话框

4.7.4 插入 Flash 视频

（1）选择"插入"|"媒体"|"Flash 视频"。

（2）在"插入 Flash 视频"对话框（图 4-36）中，从"视频类型"下拉菜单中选择"渐进式下载视频"。

（3）单击"浏览"按钮，浏览至 km2.flv 文件。

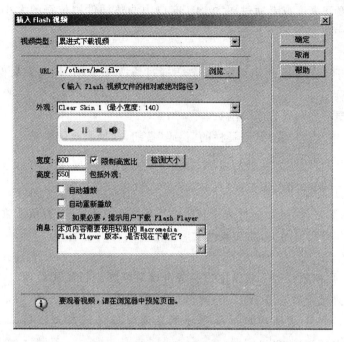

图 4-36 "插入 Flash 视频"对话框

（4）从"外观"弹出式菜单中选择 Clear Skin 1。

（5）设置"宽度"和"高度"，单位为像素。

（6）其他选项保留默认的选择值。

（7）单击"确定"按钮关闭对话框并将 Flash 视频内容添加到 Web 页面。

4.7.5 插入声音和视频

1. 插入声音

可以向 Web 页添加声音。有多种不同类型的声音文件和格式，例如 .wav、.midi 和 .mp3。

1）嵌入式声音

（1）在"设计"视图中，将光标定位在插入位置，然后执行以下操作之一。

- 在"插入"栏的"常用"类别中，单击"媒体"按钮，然后选择"插件"图标。
- 选择菜单"插入"|"媒体"|"插件"。

（2）在"插件"属性面板（图 4-37）中，单击文件夹图标以浏览音频文件或者在"链接"文本框中输入文件的路径和名称。

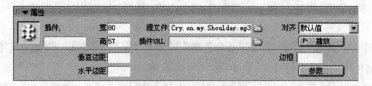

图 4-37 "插件"属性面板

（3）输入宽度和高度或者通过在"文档"窗口中调整插件占位符的大小，这些值确定音频控件在浏览器中以多大的大小显示。

2）背景音乐

网页背景音乐不是标准的网页属性，需要通过修改 HTML 代码来为网页添加背景音乐，操作步骤如下：

（1）打开需要添加背景音乐的网页。

（2）单击"文档"窗口"文档"工具栏的"代码"按钮，切换到代码视图。

（3）在＜body＞标签后加入以下代码：

```
< bgsound src = "带路径的背景音乐文件名" loop = " - 1">
```

src 属性表示源文件，loop 属性表示背景音乐的播放次数，－1 表示播放无限次。

（4）保存网页后预览网页，在加载网页后就能听到背景音乐。

2. 插入视频

链接到剪辑，则视频可被下载给用户或者可以对视频进行流式处理以便在下载它的同时播放它。视频剪辑通常采用 AVI 或 MPEG 文件格式。

注意：用户必须下载辅助应用程序才能查看常见的流式处理格式，如 RealMedia、QuickTime 和 Windows Media。

插入视频的操作步骤如下：

（1）在"设计"视图中，将光标定位在插入位置，然后执行以下操作之一。

• 在"插入"栏的"常用"类别中，单击"媒体"按钮，然后选择"插件"图标。

• 选择菜单"插入"|"媒体"|"插件"。

（2）在"插件"属性面板（图 4-37）中，单击文件夹图标以浏览视频文件或者在"链接"文本框中输入文件的路径和名称。

（3）输入宽度和高度或者通过在"文档"窗口中调整插件占位符的大小，这些值确定视频控件在浏览器中以多大的大小显示。

4.7.6 透明 Flash 动画作背景

用 Macromedia Dreamweaver 在网页中插入 Flash 动画时，常常会出现由于 Flash 动画本身带有背景色，插入到网页后，动画连同 Flash 背景色部分占据了页面的一个长方形区域这种情况，影响了页面中背景动画的正常显示，使 Flash 动画无法有效地与背景画面相融合。为了避免这种情况的发生，就需要将插入的 Flash 动画设置为透明了。而且像很多的 Flash 如花瓣飘落、鱼游荷花池、雪花飞舞这样的效果是需要背景透明才能衬托出那种美感的。

要用透明 Flash 动画作背景，首先要准备好一张背景图片和一个 Flash 动画。

操作步骤如下。

（1）选择菜单"插入"|"表格"，弹出"表格"对话框，在"行数"和"列数"文本框中输入 1，单击"确定"按钮，在网页上插入一个 1 行 1 列的表格。

（2）单击状态栏上的＜table＞标签，选中表格，通过"表格"属性面板的"背景图像"设置背景图片。

（3）光标放在表格单元格内,选择菜单"插入"|"媒体"|Flash,弹出"选择文件"对话框,选择一个 SWF Flash 动画文件。

（4）选中 Flash 动画,在 Flash 属性面板上,单击"参数"按钮,弹出"参数"对话框(图 4-38)。在"参数"框里输入 wmode,"值"框里输入 transparent,将该 Flash 动画设为透明效果。

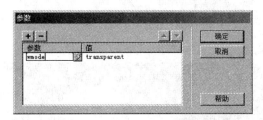

图 4-38 Flash"参数"对话框

【例 4-6】 透明 Flash 动画实例制作。

在"荷花"网页 hehua. htm 中插入透明 Flash 动画作背景。操作步骤如下。

1. 新建网页

（1）启动 Dreamweaver 8,在"文件"面板的站点列表中,单击名为 km 的站点,使该站点成为当前站点。

（2）右击 files 文件夹,在弹出式菜单中选择"新建文件",此时新建了一个空白网页。将文件名重命名为 hehua. html。

（3）在"文档"窗口"文档"工具栏的"标题"输入框中输入"荷花"。

（4）单击菜单"修改"|"页面属性",打开"页面属性"对话框,单击"分类"列表中的"外观"项。

（5）单击"背景图像"右侧的"浏览"按钮,将打开"选择图像源文件"对话框,选取素材文件夹"materials\bubble. gif",单击"确定"按钮。

2. 插入表格

（1）选择菜单"插入"|"表格",弹出"表格"对话框,在"行数"和"列数"文本框中输入 1,单击"确定"按钮,在网页上插入一个 1 行 1 列的表格。

（2）单击状态栏上的<table>标签,选中表格。

（3）单击"表格"属性面板上"背景图像"右侧的"浏览"按钮,将打开"选择图像源文件"对话框,选取素材文件夹"materials\hehua6. gif",单击"确定"按钮。

（4）在"表格"属性面板上,从"对齐"下拉列表中选择"居中对齐",将表格置于页面中间。

3. 插入和设置 Flash 动画

（1）光标放在表格单元格内,选择菜单"插入"|"媒体"|Flash,弹出"选择文件"对话框,选择 materials\4. swf。

（2）选中 Flash 动画,在 Flash 属性面板上,单击"参数"按钮,弹出"参数"对话框(图 4-38)。在"参数"框里输入 wmode,"值"框里输入 transparent,将该 Flash 动画设为透明效果。

4. 保存网页

(1) 单击菜单"文件"|"保存",保存网页。

(2) 按下 F12 键或者"文档"工具栏上的"在浏览器中预览/调试"按钮,预览效果,如图 4-39 所示。

图 4-39　透明 Flash 背景效果

4.7.7　图像查看器

使用 Dreamweaver,可以在文档中插入 Flash 元素。Flash 元素使您可以快速、方便地使用预置元素构建丰富的 Internet 应用程序。

操作步骤如下。

(1) 在"文档"窗口中,将光标定位在要插入 Flash 元素的位置,然后执行以下操作之一。

- 在"插入"栏的"Flash 元素"类别中,单击"图像查看器"图标。
- 选择"插入"|"媒体"|"图像查看器"。

(2) 将出现"保存 Flash 元素"对话框。

(3) 为 Flash 元素输入一个文件名,然后将它保存到站点中的适当位置。

(4) 单击"确定"按钮,Flash 元素占位符即出现在文档中。

(5) 执行菜单"窗口"|"标签检查器",打开"Flash 元素"面板(图 4-40),修改 Flash 元素的属性。选中 imageURLs,单击后面的按钮,打开如图 4-41 所示的对话框,设置每个图片的地址。

图 4-40 "Flash 元素"面板　　　图 4-41 "编辑'imageURLs'数组"对话框

（6）选择"文件"|"在浏览器中预览"，预览 Flash 元素。

【例 4-7】 图像查看器实例制作。

在首页 index.html 上插入一个图像查看器，显示 5 张图片。制作的步骤如下。

（1）在"文档"窗口中，将光标定位在要插入 Flash 元素的位置。

（2）选择"插入"|"媒体"|"图像查看器"，出现"保存 Flash 元素"对话框。

（3）为 Flash 元素输入文件名 yunnan.swf，然后将它保存到站点中名为"others"的文件夹中。

（4）单击"确定"按钮，Flash 元素占位符即出现在文档中。

（5）执行菜单"窗口"|"标签检查器"，打开"Flash 元素"面板（图 4-40），修改 Flash 元素的属性。

（6）单击 imageURLs 属性后面的"编辑数组值"按钮，弹出"编辑'imageURLs'数组"对话框（图 4-41）。

（7）选中第一行，单击右侧的"浏览"按钮，将打开"选择图像源文件"对话框，选取素材文件夹"materials\hehua6.gif"，单击"确定"按钮。

（8）依次单击"＋"按钮，增加新行，用以上方式增加新的图片。

（9）选择"文件"|"在浏览器中预览"，预览 Flash 元素。

最终效果如图 4-42 所示。

图 4-42 图像查看器实例

4.8 创建网站相册

网站相册是将许多图片以相册的形式保存在一起，并以一定的比例缩小，然后用超链接链起来。如果访问者要查看相册中的图片，只要单击相应的小图片，便可以显示原图或放大的图像。

要创建网站相册，首先要确保计算机上正确安装了 Fireworks，然后需要创建一个用于保存相册原始图片的源图像文件夹,另外创建一个用于保存相册的目标文件夹。操作步骤如下。

(1) 光标定位于插入位置。

(2) 选择菜单"命令"|"网站相册",打开"创建网站相册"对话框(图 4-43)。

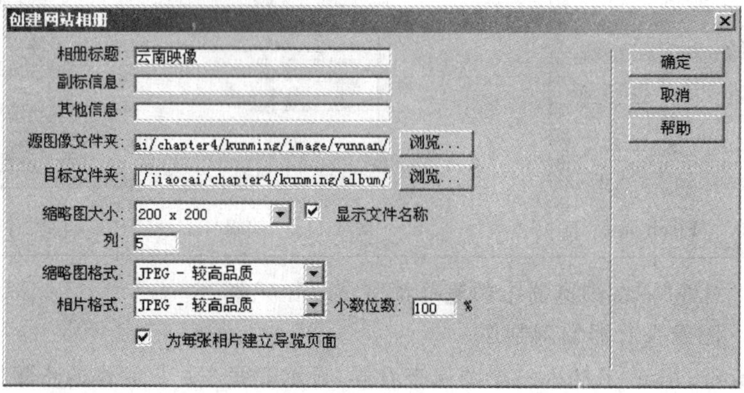

图 4-43　创建网站相册

(3) 设置相册标题、源图像文件夹和目标文件夹等。

(4) 单击"确定"按钮,在页面中生成相册首页的缩略图。

【例 4-8】　网站相册实例制作。

制作网站相册网页 index.htm,步骤如下。

(1) 在站点根目录下创建子文件夹 album,右击 album 文件夹,单击"新建文件",在 album 文件夹中创建一个新的网页文件,重命名为 index.htm。

(2) 双击 index.htm,打开设计视图,定位光标位置。

(3) 选择菜单"命令"|"网站相册",打开"创建网站相册"对话框(图 4-43)。

(4) 设置相册标题为"云南映像"。

(5) 单击"浏览"按钮,选择 materials\yunnan 作为源图像文件夹,选择 kunming\album 作为目标文件夹,其他选项使用默认值。

(6) 单击"确定"按钮,启动 Fireworks 软件处理图片,在 index.htm 页面中生成相册首页的缩略图(图 4-44)。

(7) 保存并预览网页。

图 4-44　网站相册首页

4.9 插入和修改导航条

导航条由图像或图像组组成,这些图像的显示内容随用户操作而变化。

4.9.1 插入导航条

使用"插入导航条"命令之前,需首先为各个导航项目的显示状态创建一组图像。可将导航条项目视为按钮,因为单击它时,导航条项目将用户带到其他页面。

为文档创建导航条后,可使用"修改导航条"命令向导航条添加图像或从导航条中删除图像。此命令可用于更改图像或图像组、更改单击项目时所打开的文件、选择在不同的窗口或框架中打开文件以及重新排序图像。

提示:可以创建一个导航条、将导航条复制到站点内的其他页面、将导航条与框架一起使用以及编辑页面的行为以便在访问页面时显示不同的状态。

插入导航条时,需命名导航条项目,并选择要用于它们的图像。执行以下操作。

(1) 执行下列操作之一。

- 选择"插入"|"图像对象"|"导航条"。
- 在"插入"栏的"常用"类别中,单击"图像"菜单并选择"插入导航条"按钮。出现"插入导航条"对话框(图4-45)。

(2) 完成对话框。

(3) 单击"确定"按钮。

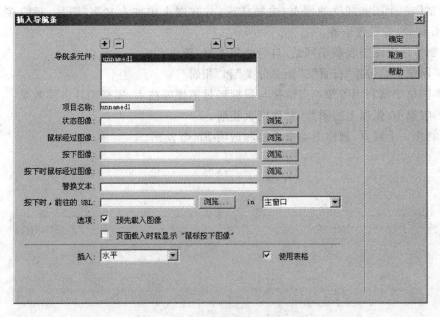

图4-45 "插入导航条"对话框

插入导航条的网页效果如图 4-46 所示。

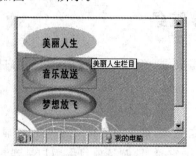

图 4-46　导航条效果

4.9.2　修改导航条

为文档创建导航条后,可使用"修改导航条"命令向导航条添加图像或从导航条中删除图像。修改导航条,执行以下操作。

(1) 在活动页面中选择导航条。

(2) 选择"修改"|"导航条"。出现"修改导航条"对话框。

(3) 在"导航条项目"列表中,选择要编辑的项目。

(4) 按需要进行更改。

(5) 单击"确定"按钮。

习题 4

1. 制作一个图文并茂的网页,主题任选,并在网页中加入文字、图片、超链接、滚动字幕、Flash 动画、背景音乐等。

2. 制作一个图书收藏小网站,自行收集素材,要求:

(1) 网站栏目包括"首页"、"图书分类"和"相册"。

(2) 网站中需利用图像热点链接与鼠标经过图像等技术,实现图片多样效果。

(3) 收集 10 张以上的图片,制作网页相册。

3. 制作一个网页,制作图像查看器和透明 Flash 动画。

第5章

网页布局和排版

5.1 网页布局概述

　　网页是网站构成的基本元素,网页中的主要元素有文字、图片、超级链接、表格、导航条、层、表单以及框架等。当我们轻点鼠标,在网海中遨游,一幅幅精彩的网页会呈现在面前,那么,网页精彩与否的因素是什么呢? 色彩的搭配、文字的变化、图片的处理等,这些当然是不可忽略的因素,除了这些,还有一个非常重要的因素——网页的布局。一个网页布局的例子如图 5-1 所示。

　　学习本章之前,我们所设计的网页只能从上至下、从左至右进行排版。这种直线式的版面布局不适合网页设计。为了设计出能吸引用户浏览的网页,在设计网页之前,要对网页进行合理布局。所谓"网页布局",就是给将要出现在网页中的所有元素进行定位。例如:将网页的徽标放在左上角的位置,在网页顶部居中的位置放置网页的标题或一些新闻提要等。导航栏可以放在网页的左边或上边。版权申明和联系信息通常出现在网页的底部居中的位置等。

　　Dreamweaver 为设计页面的布局提供了很大的灵活性。通过选择要使用的布局方法或综合使用 Dreamweaver 布局选项创建站点的外观。Dreamweaver 有以下 4 种网页布局方法。

　　(1) 利用 Dreamweaver 中的表格工具和布局模式,通过拖动并重新安排页面结构来快速地设计 Web 页。

　　(2) 如果要在 Web 浏览器中同时显示多个文档,则可以使用框架对文档进行布局。

　　(3) Dreamweaver 模板可以方便地将可重新使用的内容和页面设计应用于站点。设计者可以基于 Dreamweaver 模板创建新的页面,然后在模板更改时自动更新这些页面的布局。

　　(4) 使用 DIV＋CSS 定位样式创建布局。

注意:

- 所谓"网页布局",就是给将要出现在网页中的所有元素进行定位。
- 网页的具体布局还与网页内容、网页风格、网页大小等因素有关。

图 5-1　网页布局例子

5.2　表格

　　表格是用于在页面上显示表格式数据以及对文本和图形进行布局的强有力的工具。很多设计人员使用表格来对 Web 页进行布局。Macromedia Dreamweaver 8 提供了两种查看和操作表格的方式：在"标准"模式中，表格显示为行和列的网格，而"布局"模式允许在将表格用做基础结构的同时在页面上绘制、调整方框的大小以及移动方框。

　　表格由一行或多行组成；每行又由一个或多个单元格组成。当选定了表格或表格中有插入点时，Dreamweaver 会显示表格宽度和每个表格列的列宽。宽度旁边是表格标题菜单与列标题菜单的箭头。使用菜单可以快速访问一些与表格相关的常用命令。

　　单元格是用于放置数据和图像的空间。表格结构的修改可以通过添加、删除、合并等操作来实现。表格的外观通过设置表格、行、列和单元格的属性来实现。表格用于网页布局时，只要把表格的边框设为 0 即可。

5.2.1　表格视图模式

- "标准模式"是基本按浏览器预览结果来显示网页。
- "扩展模式"下，表格被强制以双线形式显示，方便了对表格的操作。
- "布局模式"中，可以在添加内容前使用布局单元格和布局表格来对页面进行布局。

5.2.2　插入表格

1. 新建表格

在网页中插入表格的方式有两种：插入表格和导入表格式数据。

添加一个表格的步骤如下。

（1）在页面上放置插入点。执行下列操作之一，打开"插入表格"对话框。

- 选择菜单"插入"|"表格"。
- 在"插入"工具栏上选择"布局"分类，单击"表格"按钮。
- 在"插入"工具栏上选择"常用"分类，单击"表格"按钮。
- 按快捷键 Ctrl＋Alt＋T。

（2）在"表格"对话框中（图 5-2），完成相应的设置。

① 在"表格大小"部分中指定以下选项。

- **行数**：确定表格的行的数目。
- **列数**：确定表格的列的数目。
- **表格宽度**：以像素为单位或按占浏览器窗口宽度的百分比指定表格的宽度。
- **边框粗细**：指定表格边框的宽度（以像素为单位）。

提示：如果没有明确指定边框粗细的值，则大多数浏览器按边框粗细设置为 1 显示表格。若要确保浏览器显示的表格没有边框，请将边框粗细设置为 0。若要在边框粗细设置为 0 时查看单元格和表格边框，选择"查看"|"可视化助理"|"表格边框"。

- **单元格边距**：确定单元格边框和单元格内容之间的像素数。
- **单元格间距**：确定相邻的表格单元格之间的像素数。

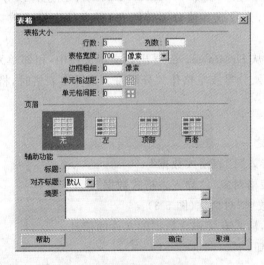

图 5-2　"表格"对话框

提示：如果没有明确指定单元格间距和单元格边距的值，大多数浏览器按单元格边距都设置为 1，单元格间距设置为 2 显示表格。若要确保浏览器不显示表格中的边距和间距，请将"单元格边距"和"单元格间距"设置为 0。

② 在"页眉"部分选择一个标题选项：

• **无**：对表不启用列或行标题。

• **左**：可以将表的第一列作为标题列，以便为表中的每一行输入一个标题。

• **顶部**：可以将表的第一行作为标题行，以便为表中的每一列输入一个标题。

• **两者**：在表中输入列标题和行标题。

③ 在"辅助功能"部分指定以下选项。

• **标题**：提供了一个显示在表格外的表格标题。

• **对齐标题**：指定表格标题相对于表格的显示位置。

• **摘要**：给出了表格的说明。屏幕阅读器可以读取摘要文本，但是该文本不会显示在用户的浏览器中。

（3）单击"确定"按钮，一个三行一列的表格即出现在文档中。该表格的宽度为 700 像素，边框、单元格边距和单元格间距均为 0。

2. 插入嵌入表格

嵌入表格即在一个已有的单元格中再插入另外一个表格。嵌入表格通常用于下列情况。

（1）如果一个单元格中的元素（如文字、数字、图像等）比较多，为了很好安排这些元素位置，可以在该单元格中再插入一个单元格。

（2）把表格用于网页布局的情况下，每个单元格都有可能安排多个元素，使用嵌入表格能使得这些元素排列整齐。

（3）把表格用于网页布局的情况下，在一个单元格需要用表格来组织数据。

3. 导入/导出表格式数据

可以将在另一个应用程序（例如 Microsoft Excel）中创建并以分隔文本的格式（其中的项以制表符、逗号、冒号、分号或其他分隔符隔开）保存的表格式数据导入到 Dreamweaver 中并设置为表格的格式。

也可以将表格数据从 Dreamweaver 导出到文本文件中，相邻单元格的内容由分隔符隔开。可以使用逗号、冒号、分号或空格作为分隔符。当导出表格时，将导出整个表格，不能选择导出部分表格。

1）导入表格数据

（1）执行下列操作之一。

• 选择"文件"|"导入"|"表格式数据"。

• 选择"插入"|"表格对象"|"导入表格式数据"。

即会出现"导入表格式数据"对话框（图 5-3）。

（2）在该对话框中，输入有关包含数据的文件的信息。

（3）单击"确定"按钮。

2）导出表格

（1）将插入点放置在表格中的任意单元格中。

（2）选择"文件"|"导出"|"表格"，即会出现"导出表格"对话框，如图 5-4 所示。

（3）在"导出表格"对话框中，指定导出表格的选项。

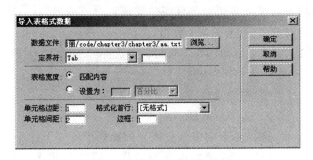

图 5-3 "导入表格式数据"对话框

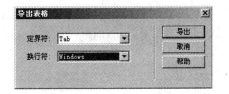

图 5-4 "导出表格"对话框

（4）单击"导出"按钮。即会出现"导出表格为"对话框。输入文件名称，单击"保存"按钮。

注意：当导出表格时，将导出整个表格，不能选择导出部分表格。

【例 5-1】 以下是用记事本编辑的文本文件，分隔符为 Tab 键。导入后的效果如图 5-5 所示。

周一	周二	周三	周四	周五
语文	数学	语文	数学	计算机
数学	音乐	语文	数学	地理
体育	作文	体育	音乐	政治

周一	周二	周三	周四	周五
语文	数学	语文	数学	计算机
数学	音乐	语文	数学	地理
体育	作文	体育	音乐	政治

图 5-5 导入式表格效果图

4. 表格的 HTML 代码

- 表格：<table>。
- 表格行：<tr>。
- 表格列：<td>。

如图 5-5 所示的表格的 HTML 代码如下所示。

```
< table width = "338" height = "171" border = "1" cellpadding = "1" cellspacing = "2">
    < tr><td>周一</td><td>周二</td><td>周三</td><td>周四</td><td>周五</td></tr>
    < tr><td>语文</td><td>数学</td><td>语文</td><td>数学</td><td>计算机</td></tr>
    < tr><td>数学</td><td>音乐</td><td>语文</td><td>数学</td><td>地理</td></tr>
    < tr><td>体育</td><td>作文</td><td>体育</td><td>音乐</td><td>政治</td></tr>
</table>
```

其中：Width＝338 表示表格的宽度为 338 像素，height＝171 表示表格的高度为 171 像素，border＝1 表示表格的边框粗细为 1 像素，cellpadding＝1 表示单元格边距为 1 像素，cellspacing＝2 表示单元格间距为 2 像素。

5.2.3 编辑表格

在对表格结构进行修改之前，需要选择整个表格、行、列或单元格。当选中表格、行、列或单元格时，Dreamweaver 将高亮显示所选区域。当表格没有边框、单元格跨多列或多行或者表格嵌套时这一点很有用。

1. 选择表格元素

1）选取表格

若要选择整个表格，执行下列操作之一。

- 将鼠标移到表格的左上角、表格的顶边缘或底边缘的任何位置或者行或列的边框,鼠标指针会变成表格网格图标,此时单击鼠标,选中整个表格。
- 单击某个表格单元格,然后在"文档"窗口左下角的标签选择器中选择 <table> 标签。
- 单击某个表格单元格,然后选择"修改"|"表格"|"选择表格"。
- 单击某个表格单元格,单击表格标题菜单,然后选择"选择表格"(图 5-6)。

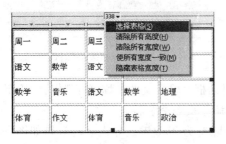

图 5-6　选择整个表格

2)选择行或列

选择单个或多个行或列的操作步骤如下:

（1）定位鼠标指针使其指向行的左边缘或列的上边缘。

（2）当鼠标指针变为选择箭头时,单击以选择单个行或列或进行拖动以选择多个行或列。

若要选择单个列,也可执行以下操作。

（1）在该列中单击。

（2）单击列标题菜单,然后选择"选择列"。

3)选择单元格

可以选择单个单元格、一行单元格或单元格块或者不相邻的单元格。

选择单个单元格,请执行以下操作之一。

- 按住 Ctrl 键单击该单元格。
- 单击单元格,然后选择菜单"编辑"|"全选"。

若要选中多个单元格,可执行下列操作之一。

- 从一个单元格拖到另一个单元格。
- 按住 Ctrl 键单击一个单元格以选中它,然后按住 Shift 键单击另一个单元格。这两个单元格定义的直线或矩形区域中的所有单元格都将被选中。
- 在按住 Ctrl 键的同时连续单击其他要选择的单元格、行或列,可选中多个不连续的单元格。如果某个单元格已经被选中,则再次单击会取消选择。

2. 添加表格的行或列

若要添加和删除行和列,可使用"修改"|"表格"或列标题菜单。

注意:在表格的最后一个单元格中按 Tab 键会自动在表格中另外添加一行。

1)添加单个行或列

（1）单击一个单元格。

（2）执行下列操作之一。

- 选择"修改"|"表格"|"插入行"或"修改"|"表格"|"插入列",在插入点的上面出现一行或在插入点的左侧出现一列。
- 单击列标题菜单,然后选择"左侧插入列"或"右侧插入列",在插入点的左侧或右侧出现一列。

2)添加多行或多列

（1）单击一个单元格。

（2）选择"修改"|"表格"|"插入行或列",即出现"插入行或列"对话框。

（3）选择"行"或"列",然后完成该对话框,单击"确定"按钮。

3．删除表格的行或列

若要删除某行或列，请执行以下操作之一。

- 单击要删除的行或列中的一个单元格，然后选择"修改"|"表格"|"删除行"或"修改"|"表格"|"删除列"。
- 选择完整的一行或列，然后选择"编辑"|"清除"或按 Delete 键。

整个行或列即从表格中消失。

4．删除单元格内容

若要删除单元格内容，但使单元格保持原样，请执行以下操作。

（1）选择一个或多个单元格，确保所选部分不是由完整的行或列组成的。

（2）选择"编辑"|"清除"或按 Delete 键。

若选择了完整的行或列，选择"编辑"|"清除"或按 Delete 键时将从表格中删除整个行或列，而不仅仅是它们的内容。

5．拆分和合并单元格

使用"属性"面板或"修改"|"表格"子菜单中的命令拆分或合并单元格。

1）合并单元格

合并表格中的两个或多个单元格，请执行以下操作。

（1）选择连续行中形状为矩形的单元格。

（2）执行下列操作之一。

- 选择"修改"|"表格"|"合并单元格"。
- 在"属性"面板中，单击"合并单元格"按钮。

2）拆分单元格

若要拆分单元格，请执行以下操作。

（1）单击单元格。

（2）执行下列操作之一。

- 选择"修改"|"表格"|"拆分单元格"。
- "属性"面板中，单击"拆分单元格"按钮。

（3）在"拆分单元格"对话框中，指定如何拆分单元格。

6．复制和粘贴单元格

1）选择单元格

可以一次复制、粘贴或删除单个单元格或多个单元格，并保留单元格的格式设置。

剪切或复制单元格，执行以下操作。

（1）选择连续行中形状为矩形的一个或多个单元格。

（2）选择"编辑"|"剪切"或"编辑"|"复制"。

若选择整个行或列，然后选择"编辑"|"剪切"，则将从表格中删除整个行或列（而不仅仅是单元格的内容）。

2）选择"编辑"|"粘贴"

若要粘贴多个表格单元格，剪贴板的内容必须和表格的结构或表格中将粘贴这些单元格的所选部分兼容，即选择一组与剪贴板上的单元格具有相同布局的现有单元格，再选择"编辑"|"粘贴"。

5.2.4 表格属性

当选择了某个表格或单元格后,使用"属性"面板可以查看和更改它的属性。"表格"属性面板如图 5-7 所示。

图 5-7 "表格"属性面板

- **表格 ID**:用于设置表格的 ID,以便用代码对表格的调用,该项可以不设。
- **宽和高**:是以像素为单位或按占浏览器窗口宽度的百分比计算的表格宽度和高度。通常不需要设置表格的高度。
- **填充**:即单元格边距,是单元格内容和单元格边框之间的像素数。
- **单元格间距**:是相邻的表格单元格之间的像素数。
- **对齐**:确定表格在页面中的显示位置。
- **边框**:指定表格外边框的宽度(以像素为单位)。默认为 1,若不想显示表格边框,则将"边框"设为 0。
- **清除列宽和清除行高按钮**:从表格中删除所有明确指定的行高或列宽。
- **将表格宽度转换成像素和将表格高度转换成像素按钮**:将表格中每列的宽度或高度设置为以像素为单位的当前宽度。
- **将表格宽度转换成百分比和将表格高度转换成百分比按钮**:将表格中每列的宽度或高度设置为按占"文档"窗口宽度百分比表示的当前宽度。
- **背景颜色**:表格的背景颜色。
- **边框颜色**:表格边框的颜色。
- **背景图像**:表格的背景图像。

5.2.5 单元格、行和列属性

选择单元格、行或列后,出现相应的"属性"面板(图 5-8)。

图 5-8 "行"属性面板

- **水平**:指定单元格、行或列内容的水平对齐方式。可以将内容对齐到单元格的左侧、右侧或使之居中对齐,也可以指示浏览器使用其默认的对齐方式(通常常规单元格为左对齐,标题单元格为居中对齐)。
- **垂直**:指定单元格、行或列内容的垂直对齐方式。可以将内容对齐到单元格的顶端、中间、底部或基线,或者指示浏览器使用其默认的对齐方式(通常是居中对齐)。

- **宽和高**:以像素为单位或按占整个表格宽度或高度百分比计算的所选单元格的宽度和高度。若要指定百分比,在值后面使用百分比符号(%)。
- **背景**:设置单元格、列或行的背景图像,单击文件夹图标浏览到某个图像或使用"指向文件"图标选择某个图像文件。
- **背景颜色**:设置单元格、列或行的背景颜色。
- **边框**:设置单元格的边框颜色。
- **合并单元格**按钮:可以将所选的单元格、行或列合并为一个单元格,只有当单元格形成矩形或直线的块时才可以合并这些单元格。
- **拆分单元格**按钮:可以将一个单元格分成两个或更多单元格。一次只能拆分一个单元格;如果选择的单元格多于一个,则此按钮将禁用。
- **不换行**:可以防止换行,从而使给定单元格中的所有文本都在一行上。如果启用了"不换行",则当输入数据或将数据粘贴到单元格时单元格会加宽来容纳所有数据。
- **标题**:可以将所选的单元格格式设置为表格标题单元格。默认情况下,表格标题单元格的内容为粗体并且居中。

【例 5-2】 表格布局实例。

表格可以用来布局。网页 table.html 是用表格布局完成的(图 5-9)。制作步骤如下。

(1)启动 Dreamweaver 8,在"文件"面板的站点列表中单击名为 km 的站点,使其成为当前站点。

(2)在"文件"面板的站点管理器中右击 files 文件夹,选择"新建文件",重命名文件为 table.html,双击打开该文件。

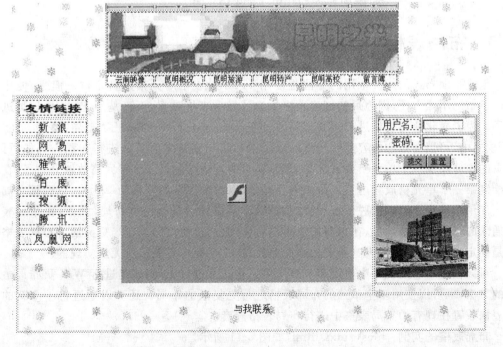

图 5-9 table.html

（3）单击菜单"修改"|"页面属性"，打开"页面属性"对话框，在"外观"分类下，将背景图像设置为：materials\back2.jpg。

（4）单击菜单"插入"|"表格"，插入一个2行6列的表格，选中表格，"对齐"设为"居中对齐"。第1行插入图像materials\banner.jpg，第2行输入链接文字。

（5）光标定位到下一段，插入一个2行3列的表格，在第1行第1列中插入一个8行1列的表格，在第1行第2列中插入一个Flash动画文件materials\lijiang.swf。

（6）在第1行第3列中插入一个2行1列的表格。

光标定位在2行1列表格的第1行，单击菜单"插入"|"表单"|"表单"，插入一个表单，在表单红色虚线框内再插入一个3行2列的表格，将第三行合并为1个单元格。在该3行2列的表格的第1行第1列中输入文字"用户名："，在第2行第1列中输入文字"密码："。光标定位在第1行第2列，选择菜单"插入"|"表单"|"文本域"，插入一个文本框。光标定位在第2行第2列，选择菜单"插入"|"表单"|"文本域"，插入一个文本框，选择该文本框，在"属性"面板上将"类型"设置为"密码"。光标定位在第3行，对齐为"居中对齐"，选择菜单"插入"|"表单"|"按钮"，分别插入2个按钮，选中按钮，在按钮的"属性"面板上，将一个按钮的"动作"设置为"提交表单"，另一个按钮的"动作"设置为"重设表单"。表单设计界面如图5-10所示。

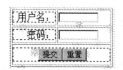

图5-10　表单

（7）光标定位在表单下方的单元格中，选择菜单"插入"|"图像对象"|"鼠标经过图像"，"原始图像"设置为materials\shiboyuan.jpg，"鼠标经过图像"设置为materials\cuihu1.gif。

（8）光标定位在最后一行，在"属性"面板上，将"水平"设置为"居中对齐"，输入文字"与我联系"，选中文字，在"属性"面板的"链接"框中输入mailto:km@163.com。

5.3　布局表格

创建页面布局的一种常用的方法是使用HTML表格对元素进行定位。但是，使用表格进行布局不太方便，因为最初创建表格是为了显示表格数据，而不是用于对Web页进行布局。为了简化使用表格进行页面布局的过程，Dreamweaver 8提供了"布局"模式。在"布局"模式中，可以在添加内容前使用布局单元格和布局表格来对页面进行布局。例如，可以沿页的顶部绘制一个单元格放置标题图形，在页的左边绘制另一个单元格放置导航条，在右边绘制第三个单元格放置内容。添加内容时，可以按需要在四周移动单元格，以调整布局。

使用布局表格可以摆脱传统表格的羁绊，方便设计者进行网页布局，例如，在布局表格中插入的布局单元格，可以在该布局表格任意移动位置，使得网页布局更灵活。布局表格可以是固定宽度，也可以随浏览器的大小而缩放，这一性能更是表格所无法实现的。

可以在一个布局表格中使用多个布局单元格对页进行布局，这是进行Web页布局最常用的方法，也可以使用多个单独的布局表格进行更复杂的布局。还可以通过将一个新的布局表格放置在现有的布局表格中进行布局表格嵌套。

布局表格的实例：files\xinxi.html，如图5-11所示。

图 5-11　布局表格实例

5.3.1　绘制布局表格和布局单元格

在"布局"模式中,可以在页上绘制布局单元格和布局表格。如果不是在布局表格中绘制布局单元格,Dreamweaver 会自动创建一个布局表格以容纳该单元格。布局单元格不能存在于布局表格之外。

当 Dreamweaver 自动创建布局表格时,该表格最初显示为填满整个"设计"视图,这种全窗默认布局表格使得可以在"设计"视图中的任意位置绘制布局单元格。

1. 绘制布局单元格

绘制布局单元格的步骤如下。

(1)确保处于"布局"模式中。

在"插入"工具栏的"布局"类别中,单击"布局"按钮或者单击菜单"查看"|"表格模式"|"布局模式"。

(2)在"插入"栏的"布局"类别中,单击"绘制布局单元格"按钮▤。鼠标指针变为加号（＋）。

(3)将鼠标指针放置在页中要开始绘制单元格的位置,然后拖动指针以创建布局单元格。

2. 绘制布局表格

绘制布局表格的步骤如下。

(1)确保处于"布局"模式中。

(2)在"插入"栏的"布局"类别中,单击"布局表格"按钮▤。鼠标指针变为加号（＋）。

(3)将鼠标指针放置在页上,然后拖动指针以创建布局表格。

若要绘制多个布局表格,不必重复选择"绘制布局表格",只要继续按住 Ctrl 键可以连续绘制出多个布局表格。

注意:

- 在"布局"模式中,不能使用在"标准"模式中可以使用的"插入表格"和"绘制层"工具。若要使用这些工具,必须先切换到"标准"模式。
- 表格不能互相重叠,但一个表格可以完全包含在另一个表格当中。
- 在"布局"模式中,网页内容只能插入到布局单元格中。

5.3.2　编辑布局表格和布局单元格

可以调整布局单元格的大小或移动它们,但是不能使它们重叠。对单元格进行移动或调整大小之后,该单元格不能跨包含它的布局表格的边框。布局单元格不能小于其内容的大小。

1. 调整和移动布局单元格

1) 调整布局单元格大小

(1) 选择一个单元格,方法是单击该单元格的边缘,或者在按住 Ctrl 键的同时单击该单元格中的任何位置。该单元格周围出现选择控制点。

(2) 拖动选择控制点来调整单元格的大小。单元格边缘会自动与其他单元格的边缘靠齐。

2) 移动布局单元格

(1) 选择一个单元格,方法是单击该单元格的边缘,或者在按住 Ctrl 键的同时单击该单元格中的任何位置。该单元格周围出现选择控制点。

(2) 执行下列操作之一。

- 将该单元格拖到其布局表格中的另一个位置。
- 按箭头键移动该单元格,每次移动 1 个像素。
- 在按住 Shift 键的同时按箭头键移动该单元格,每次 10 个像素。

2. 调整和移动布局表格

调整布局表格的大小后,该布局表格不能小于包含所有其单元格的最小矩形的大小。调整布局表格的大小后还不能使其与其他表格或单元格重叠。

1) 调整布局表格的大小

(1) 通过单击表格顶部的标签选择一个表格。该表格周围出现选择控制点。

(2) 拖动选择控制点来调整表格的大小。

表格边缘与其他单元格和表格的边缘自动靠齐。

2) 移动布局表格

(1) 通过单击表格顶部的标签选择一个表格。

该表格周围出现选择控制点。只有当布局表格嵌套在另一个布局表格中时,才可以移动该布局表格。

(2) 执行下列操作之一。

- 将表格拖到页上的另一个位置。
- 按箭头键移动该表格,每次移动 1 个像素。

- 在按住 Shift 键的同时按箭头键移动该表格,每次 10 个像素。

5.3.3 布局表格和布局单元格属性

1. 布局表格属性

若要设置布局表格属性,首先选中一个布局表格,在如图 5-12 所示的"属性"面板上进行设置。

图 5-12 "布局表格"属性面板

- **固定**:将表格设置为固定宽度。在旁边的文本框中输入宽度(以像素为单位)。
- **自动伸展**:使表格最右边的列自动伸展。
- **高度**:表格的高度(以像素为单位)。
- **填充**:设置布局单元格内容和单元格边框之间的间隔(以像素为单位)。
- **间距**:设置相邻布局单元格之间的间隔(以像素为单位)。
- **背景颜色**:布局表格的背景颜色。

2. 布局单元格属性

若要设置布局单元格属性,首先选中一个布局单元格,在如图 5-13 所示的"属性"面板上进行设置。

图 5-13 "布局单元格"属性面板

- **固定**:将单元格设置为固定宽度。在旁边的文本框中输入宽度(以像素为单位)。
- **自动伸展**:使单元格自动伸展。
- **宽度**:单元格的宽度(以像素为单位)。
- **高度**:单元格的高度(以像素为单位)。
- **背景颜色**:是布局单元格的背景颜色。单击颜色框并在颜色选择器中选择一种颜色或在旁边的文本框中输入对应于某种颜色的十六进制数字。
- **水平**:设置单元格内容的水平对齐方式。可以将该对齐设置为"左对齐"、"居中对齐"、"右对齐"或"默认"。
- **垂直**:设置单元格内容的垂直对齐方式。可以将该对齐设置为"顶对齐"、"居中"、"底部"、"基线"或"默认"。
- **不换行**:禁止文字换行。当选择了此选项后,布局单元格按需要加宽以适应文本,而不是在新的一行上继续该文本。

5.4 框架

框架也是布局的工具,框架提供将一个浏览器窗口划分为多个区域、每个区域都可以显示不同 HTML 文档的方法。使用框架的最常见的情况就是,一个框架显示包含导航控件的文档,而另一个框架显示含有内容的文档。

框架的最常见用途就是导航。一组框架通常包括一个含有导航条的框架和另一个要显示主要内容页面的框架。要在浏览器中查看一组框架,输入框架集文件的 URL;浏览器随后打开要显示在这些框架中的相应文档。通常将一个站点的框架集文件命名为 index.html,以便当访问者未指定文件名时默认显示该名称。框架集是 HTML 文件,它定义一组框架的布局和属性。

下面的示例(图 5-14)显示了一个由三个框架组成的框架布局:一个较窄的框架位于侧面,其中包含导航条;一个框架横放在顶部,其中包含 Web 站点的徽标和标题;一个大框架占据了页面的其余部分,其中包含主要内容。这些框架中的每一个都显示单独的 HTML 文档。

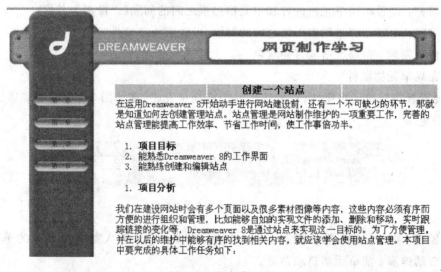

图 5-14 框架集页面

在此示例中,当访问者浏览站点时,在顶部框架中显示的文档永远不更改。侧面框架导航条包含链接;单击其中某一链接会更改主要内容框架的内容,但侧面框架本身的内容保持静态。无论访问者在左侧单击了哪一个链接,右侧主要内容框架都会显示适当的文档。

如果一个站点在浏览器中显示为包含三个框架的单个页面,则它实际上由 4 个单独的 HTML 文档组成:一个框架集文件以及三个文档,这三个文档包含这些框架内初始显示的内容。在 Dreamweaver 中设计使用框架集的页面时,必须全部保存所有文件,以便该页面可以在浏览器中正常工作。

框架的优点如下。

- 访问者的浏览器不需要为每个页面重新加载与导航相关的图形。
- 每个框架都具有自己的滚动条,因此访问者可以独立滚动这些框架。

框架的缺点如下。

- 可能难以实现不同框架中各元素的精确图形对齐。
- 对导航进行测试可能很耗时间。
- 各个带有框架的页面的 URL 不显示在浏览器中,因此访问者可能难以将特定页面设为书签。

注意:

(1) 访问框架布局的网页时,必须在浏览器地址栏中输入框架集的 URL,所有的页面内容才会出现在浏览器窗口中。

(2) 建立 N 个框架,需要保存 N+1 个网页,除了 N 个框架页面外,还需要 1 个框架集网页。

(3) 每个框架都显示单独的 HTML 文档。即使文档是空的,也必须将它们全部保存以预览它们(因为只有当框架集包含要在每个框架中显示的文档的 URL 时,才可以准确预览该框架集)。

5.4.1 创建框架集和框架页面

在 Dreamweaver 中有两种创建框架集的方法:既可以从若干预定义的框架集中选择,也可以自己设计框架集。

1. 选择预定义的框架集

选择预定义的框架集将自动设置创建布局所需的所有框架集和框架,它是迅速创建基于框架的布局的最简单方法。创建预定义的框架集有以下两种方法。

1) 使用"新建文档"对话框

(1) 选择"文件"|"新建"。

(2) 在"新建文档"对话框中,选择"框架集"类别。

(3) 从"框架集"列表选择一种框架集,如图 5-15 所示。

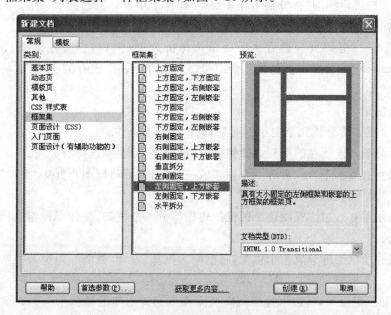

图 5-15 "新建文档"对话框创建框架集

（4）单击"创建"按钮，则框架集出现在文档中。

2）使用"插入"工具栏

（1）将插入点放置在文档中。

（2）执行下列操作之一。

* 从"插入"|HTML|"框架"子菜单中选择预定义的框架集。
* 在"插入"栏的"布局"类别中，单击"框架"按钮上的下拉箭头，然后选择预定义的框架集（图 5-16）。

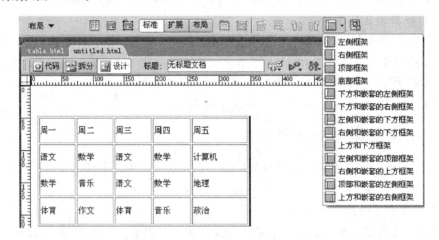

图 5-16　从"插入"工具栏选择预定义的框架集

框架集图标提供应用于当前文档的每个框架集的可视化表示形式。框架集图标的蓝色区域表示当前文档，而白色区域表示将显示其他文档的框架。

2. 设计框架集

可以通过向窗口添加"拆分器"，在 Dreamweaver 中设计自己的框架集。

1）创建框架集

选择"修改"|"框架页"，然后从子菜单选择拆分项（例如"拆分左框架"或"拆分右框架"）。Dreamweaver 将窗口拆分成几个框架。如果打开一个现有的文档，它将出现在其中一个框架中。

2）拆分框架

要将一个框架拆分成几个更小的框架，请执行以下操作。

* 要拆分插入点所在的框架，从"修改"|"框架页"子菜单选择拆分项。
* 要以垂直或水平方式拆分一个框架或一组框架，请将框架边框从"设计"视图的边缘拖入"设计"视图的中间。
* 要使用不在"设计"视图边缘的框架边框拆分一个框架，按住 Alt 键的同时拖动框架边框。
* 要将一个框架拆分成 4 个框架，将框架边框从"设计"视图一角拖入框架的中间。

3）删除一个框架

若要删除一个框架，将边框框架拖离页面或拖到父框架的边框上。如果要删除的框架中的文档有未保存的内容，Dreamweaver 将提示保存该文档。

注意：不能通过拖动边框完全删除一个框架集。要删除一个框架集，请关闭显示它的"文档"窗口。如果该框架集文件已保存，则删除该文件。

4）调整框架的大小

- 若要设置框架的粗略大小，在"文档"窗口的"设计"视图中拖动框架边框。
- 若要指定准确大小，并指定当浏览器窗口大小不允许框架以全大小显示时，浏览器分配给框架的行或列的大小，可使用"属性"面板。

5.4.2 在框架中打开文档

可以通过将新内容插入框架的空文档中或通过在框架中打开现有文档，来指定框架的初始内容。操作步骤如下。

（1）将插入点放置在框架中。

（2）选择"文件"|"在框架中打开"。

（3）选择要在该框架中打开的文档，然后单击"确定"按钮，该文档随即显示在框架中。

5.4.3 选择框架和框架集

要更改框架或框架集的属性，首先要选择要更改的框架或框架集。既可以在"文档"窗口中选择框架或框架集，也可以通过"框架"面板进行选择。

1. 通过"框架"面板选择框架或框架集

"框架"面板提供框架集内各框架的可视化表示形式。它能够显示框架集的层次结构，而这种层次在"文档"窗口中的显示可能不够直观。在"框架"面板中，环绕每个框架集的边框非常粗；而环绕每个框架的是较细的灰线，并且每个框架由框架名称标识。选择"窗口"|"框架"，显示"框架"面板。

1）在"框架"面板中选择框架

在"框架"面板中单击框架。此时，在"框架"面板和"文档"窗口的"设计"视图中，框架周围会显示一个选择轮廓。

2）在"框架"面板中选择框架集

在"框架"面板中单击环绕框架集的边框，在框架集周围显示一个选择轮廓。

2. 在"文档"窗口中选择框架或框架集

1）在"文档"窗口中选择框架

在"设计"视图中，按住 Alt 键的同时单击框架内部。在框架周围显示一个选择轮廓。

2）在"文档"窗口中选择框架集

在"设计"视图中，单击框架集的某一内部框架边框（要执行这一操作，框架边框必须是可见的；如果看不到框架边框，则选择"查看"|"可视化助理"|"框架边框"以使框架边框可见），在框架集周围显示一个选择轮廓。

5.4.4 框架属性

选择框架后，出现框架的属性面板，如图 5-17 所示。

- **"框架名称"**：是链接的 target 属性或脚本在引用该框架时所用的名称。

图 5-17　框架的属性面板

框架名称必须是单个单词；允许使用下划线（_），但不允许使用连字符（-）、句点（.）和空格。框架名称必须以字母起始（而不能以数字起始）。框架名称区分大小写。

提示：要令链接更改其他框架的内容，必须命名目标框架。要令以后创建跨框架链接更容易一些，请在创建框架时命名每个框架。

- "**源文件**"：指定在框架中显示的源文档。单击文件夹图标可以浏览到一个文件并选择一个文件。
- "**滚动**"：指定在框架中是否显示滚动条。将此选项设置为"默认"将不设置相应属性的值，从而使各个浏览器使用其默认值。大多数浏览器默认为"自动"，这意味着只有在浏览器窗口中没有足够空间来显示当前框架的完整内容时才显示滚动条。
- "**不能调整大小**"：令访问者无法通过拖动框架边框在浏览器中调整框架大小。
- "**边框**"：在浏览器中查看框架时显示或隐藏当前框架的边框。为框架选择"边框"选项将重写框架集的边框设置。

"边框"选项为"是"（显示边框）、"否"（隐藏边框）和"默认值"；大多数浏览器默认为显示边框，除非父框架集已将"边框"设置为"否"。只有当共享该边框的所有框架都将"边框"设置为"否"时，或者当父框架集的"边框"属性设置为"否"并且共享该边框的框架都将"边框"设置为"默认值"时，边框才是隐藏的。

- "**边框颜色**"：为所有框架的边框设置边框颜色。此颜色应用于和框架接触的所有边框，并且重写框架集的指定边框颜色。
- "**边界宽度**"：以像素为单位设置左边距和右边距的宽度（框架边框和内容之间的空间）。
- "**边界高度**"：以像素为单位设置上边距和下边距的高度（框架边框和内容之间的空间）。

注意：若要更改框架中文档的背景颜色或图像，不是在框架的"属性"面板中设置，由于每一个框架中都只包含一个 HTML 文档，所以要分别修改每个框架的页面属性，而不是整个网页的页面属性。

5.4.5　框架集属性

选择框架集后，出现框架集的属性面板，如图 5-18 所示。

框架属性优先于框架集属性。例如，若一个框架设置边框属性为"是"，则不论其父框架集设置为什么值，该框架都显示边框。若框架的属性没有设置或被设置为"默认"，则框架的属性将与框架集的属性一致。

- "**边框**"：确定在浏览器中查看文档时在框架周围是否应显示边框。要显示边框，则选择"是"；要使浏览器不显示边框，则选择"否"。要允许浏览器确定如何显示边框，则选择"默认值"。

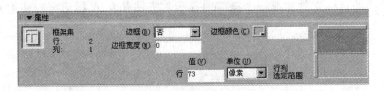

图 5-18　框架集的属性面板

- **"边框宽度"**：指定框架集中所有边框的宽度。
- **"边框颜色"**：设置边框的颜色。使用颜色选择器选择一种颜色或者输入颜色的十六进制值。
- **"值"**：设置水平分布框架的行高或垂直分布框架的列宽。
- **"单位"**：是"值"所对应的单位。有"像素"、"相对"和"百分比"。
- **"像素"**：将选定列或行的大小设置为一个绝对值。

5.4.6　保存框架和框架集网页

在浏览器中预览框架集前，必须保存框架集文件以及要在框架中显示的所有文档。既可以单独保存每个框架集文件和带框架的文档，也可以同时保存框架集文件和框架中出现的所有文档。

在使用 Dreamweaver 中的可视工具创建一组框架时，框架中显示的每个新文档将获得一个默认文件名。例如，第一个框架集文件被命名为 UntitledFrameset-1，而框架中第一个文档被命名为 UntitledFrame-1。

1. 保存框架集文件

（1）在"框架"面板或"文档"窗口中选择框架集。

（2）执行下列操作之一。

- 若要保存框架集文件，请选择"文件"|"保存框架页"。
- 若要将框架集文件另存为新文件，请选择"文件"|"框架集另存为"。

如果以前没有保存过该框架集文件，则这两个命令是等效的。

2. 保存框架中显示的文档

在框架中单击，然后选择"文件"|"保存框架"或选择"文件"|"框架另存为"。

3. 保存与一组框架关联的所有文件

选择"文件"|"保存全部"。

该命令将保存在框架集中打开的所有文档，包括框架集文件和所有带框架的文档。如果该框架集文件未保存过，则在"设计"视图中框架集的周围将出现粗边框，并且出现"另存为"对话框，输入文件名。对于尚未保存的每个框架，在框架的周围都将显示粗边框，并且出现"另存为"对话框，输入文件名。

5.4.7　指定超链接的目标框架

由于每一个框架本身就是一个小窗口，所以在哪个框架中显示网页对于整个框架效果来说至关重要。若要获得框架的导航效果，就必须通过指定超链接的目标框架来实现。所谓目标框架就是超链接的目标文件要在哪个框架中显示。

控制超链接的目标文件在哪一个框架内显示的方法是在 A 标记符内使用 target(目标)属性。

格式为：

< A href = "目标文件" target = "目标框架名">

例如，如果导航条位于左框架，并且希望链接的材料显示在右侧的主要内容框架中(名称为 main)，则必须将每个导航条链接的目标属性设置为主要内容框架的名称 main。当访问者单击导航链接时，将在主框架中打开指定的内容。

若要设置目标框架，请执行以下操作：

(1) 在"设计"视图中，选择作为链接的文本或对象。

(2) 在属性检查器("窗口"|"属性")的"链接"字段中，执行以下操作之一：

• 单击文件夹图标并选择要链接到的文件。

• 将"指向文件"图标拖动到"文件"面板以选择要链接到的文件。

(3) 从属性面板的"目标"下拉菜单中，选择链接的文档应在其中显示的框架或窗口：

• _blank 在新的浏览器窗口中打开链接的文档，同时保持当前窗口不变。

• _parent 在显示链接的框架的父框架集中打开链接的文档，同时替换整个框架集。

• _self 在当前框架中打开链接，同时替换该框架中的内容。

• _top 在当前浏览器窗口中打开链接的文档，同时替换所有框架。

• 框架名称也出现在该菜单中。选择一个命名框架以打开该框架中链接的文档。

提示：如果要链接到站点外的某一页面，要使用 target＝"_top" 或 target＝"_blank" 来确保该页面不会显示该站点的一部分。

【例 5-3】 框架布局实例。

网页 kunming\jiaoyu\index.html 为框架集文件，如图 5-19 所示。制作步骤如下。

(1) 启动 Dreamweaver 8，在"文件"面板的站点列表中单击名为 km 的站点，使其成为当前站点。

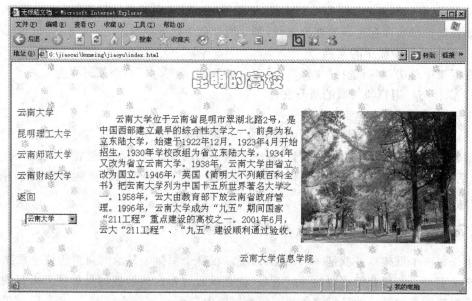

图 5-19　通过超链接控制框架内容的实例

（2）在"文件"面板的站点根目录下新建名为 jiaoyu 的文件夹。

（3）单击"文件"|"新建"，在"新建文档"对话框中，选择"框架集"类别。从"框架集"列表选择"左侧固定"框架集（图 5-20）。单击"创建"按钮，则框架集出现在文档中。

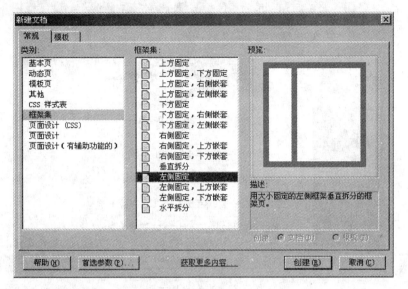

图 5-20 "新建文档"对话框

（4）单击"文件"|"保存全部"，依次将框架集文件 index. html，框架文件 left. html、yunnan. html、top. html 保存在 jiaoyu 文件夹下。

（5）右击 jiaoyu 文件夹，单击"新建文件"，分别新建页面 caida. htm、ligong. html、shifan. html。

（6）分别制作每个页面的内容并保存。

（7）依次为所有页面，单击菜单"修改"|"页面属性"，打开"页面属性"对话框，在"外观"分类下，将背景图像设置为 materials\back2. jpg。

（8）将左边框架中每个链接的"目标"属性设置为 mainFrame。

（9）单击"文件"|"保存全部"，然后预览框架集网页 index. html。

【例 5-4】 页内框架布局实例。

如果要将做好的框架作为一个对象嵌入到网页中，实现更好的布局效果，可以制作一个页内框架，制作步骤如下。

（1）首先制作好一个左右布局的框架，框架集页面为 index. html，如图 5-21 所示。

（2）插入一个 2 行 1 列的表格，设置表格的宽度为 800 像素，高度为 500 像素，在第 1 行输入标题：个人求职网站。

（3）选中第 2 行的单元格，切换到 Dreamweaver 代码视图，在 `<td></td>` 之间插入如下代码即可。

```
< iframe width = "800" height = "500" name = "main" scrolling = "auto" src = "index. html">
</iframe>
```

页内框架布局的效果如图 5-22 所示。

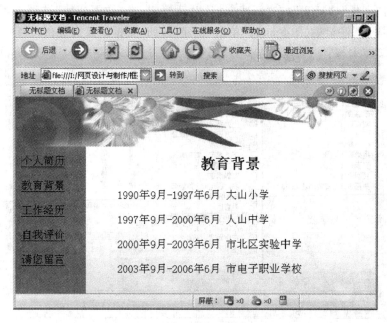

图 5-21　左右框架示例

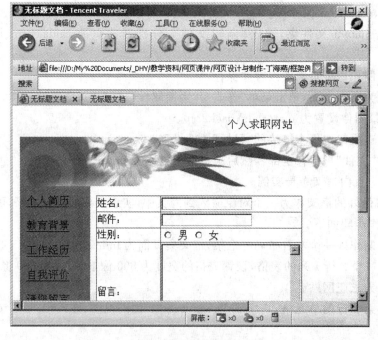

图 5-22　页内框架示例

5.5　层

5.5.1　层的概念

层(Layer)是一种 HTML 页面元素,可以将它定位在页面上的任意位置。层是一个载体,可以包含文本、图像或其他 HTML 文档。利用层可以非常灵活地放置内容。层的出现使网页从二维平面拓展到三维。可以使页面上元素进行重叠和复杂的布局。一个层布局的例子如图 5-23 所示。除了使用层来设计页面的布局外,还可以将层前后放置,隐藏某些层而显示其他层以及在屏幕上移动层。

图 5-23　层布局实例

层的功能如下:对元素实现精确定位;随意放置元素;实现层的叠加;显示/隐藏层;制作动画;添加行为、CSS 样式表等。

5.5.2　新建层

Dreamweaver 可以方便地在页面上创建层并精确地将层定位,还可以创建嵌套层。创建层后,只需将插入点放置于该层中,然后像在页面中添加内容一样,就可以将内容添加到层中。

1. 层的代码

当在文档中添加层时,将在代码中插入该层的 HTML 标签,Dreamweaver 默认使用 div 标签创建层。下面是一个层的 HTML 代码示例。

```
< head >
< meta http-equiv = "Content-Type" content = "text/html; charset = iso-8859-1" />
```

```
<title>Sample Layers Page</title>
<style type = "text/css">
<!--
#Layer1 {position:absolute;left:62px;top:67px;width:421px;height:188px;z-index:1;}
-->
</style>
</head>
<body>
<div id = "Layer1"></div>
</body></html>
```

2. 新建层

在使用"绘制层"工具绘制层时,Dreamweaver 会在文档中插入 div 标签,并为层分配 id 值(默认情况下,Layer1 表示绘制的第一层,Layer2 表示绘制的第二层,以此类推)。稍后,可以使用"层"面板或"属性"面板将层重命名。

若要连续绘制一个或多个层,请执行以下操作。

(1) 在"插入"栏的"布局"类别中单击"绘制层"按钮 。

(2) 在"文档"窗口的"设计"视图中,执行下列操作之一。

- 拖动以绘制一个层。
- 通过按住 Ctrl 键并拖动来连续绘制多个层。

若要在文档中的特定位置插入层,将插入点放置在"文档"窗口中,然后选择"插入"|"布局对象"|"层"。

3. 插入嵌套层

嵌套层是其代码包含在另一个层中的层。嵌套通常用于将层组织在一起。嵌套层随其父层一起移动,并且可以设置为继承其父级的可见性。嵌套层不一定包含在目标层中,嵌套只是用于组织层与层之间的关系。

1) 绘制嵌套层

(1) 在"插入"栏的"布局"类别中单击"绘制层"按钮 。

(2) 在"文档"窗口的"设计"视图中,在现有层中拖动绘制层。

如果已经在层首选参数中关闭了"嵌套"功能,按住 Alt 键并拖动在现有层中嵌套一个层。

2) 插入嵌套层

在"文档"窗口的"设计"视图中,将插入点放置在一个现有层中,然后选择"插入"|"布局对象"|"层"。

3) 使用"层"面板将现有层嵌套在另一个层中

(1) 选择"窗口"|"层",打开"层"面板。

(2) 在"层"面板中选择一个层,然后按住 Ctrl 键并拖动,将层移动到"层"面板上的目标层。

(3) 当目标层的名称突出显示时,松开鼠标按钮。

4) 在现有层中绘制层时自动嵌套层

选择"编辑"|"首选参数",选中"层"首选参数中的"嵌套"选项。

从图 5-24 可以看出 Layer4 被选中,被选中的层左上角有一个"回"字图形。在层面板中显示了层之间的关系,Layer2 是 Layer1 的嵌套层。当形成嵌套层后,拖动父层移动时,子层会一起移动,选中父层时,会同时选中子层,删除父层会同时删除子层。

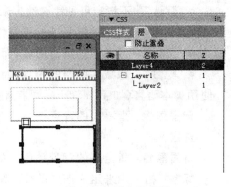

图 5-24 插入嵌套层

5.5.3 设置层属性

1. 选择层

可以选中一个或多个层进行操作或更改它们的属性。选中层的方法如下。

1) 在"层"面板中选择一个层

在"层"面板("窗口"|"层")中,单击该层的名称。

2) 在"文档"窗口中选择一个层

- 单击一个层的选择柄。
- 单击一个层的边框。
- 在一个层中按住 Ctrl-Shift 键并单击。
- 在层内单击并按 Ctrl＋A 以选择层的内容。再次按 Ctrl＋A 以选择层。
- 在层内单击并在标签选择器中选择层的标签。

3) 选择多个层

- 在"层"面板("窗口"|"层")中,按住 Shift 键并单击多个层的名称。
- 在"文档"窗口中,在两个或更多个层的边框内(或边框上)按住 Shift 键并单击。

2. 设置层属性

选择层后,使用"属性"面板查看和设置层的属性(图 5-25)。

图 5-25 "层"属性面板

- **层 ID**:用于指定一个名称,以便在"层"面板和 JavaScript 代码中标识该层。只能使用标准的字母数字字符,而不能使用空格、连字符、斜杠或句号等特殊字符。每个层都必须有它自己的唯一 ID。
- **左和上**:(左侧和顶部)指定层的左上角相对于页面(如果嵌套,则为父层)左上角的位置。
- **宽和高**:指定层的宽度和高度。位置和大小的默认单位为像素(px)。
- **Z 轴**:确定层的 z 轴(即堆叠顺序)。

在浏览器中,编号较大的层出现在编号较小的层的前面。值可以为正,也可以为负。当更改层的堆叠顺序时,使用"层"面板要比输入特定的 z 轴值更为简便。

- **可见性**:指定该层最初是否是可见的。从以下选项中选择。

◦ "默认" 不指定可见性属性。未指定可见性时,大多数浏览器都会默认为"继承"。

◦ "继承" 使用该层父级的可见性属性。

◦ "可见" 显示这些层的内容,而不管父级的值是什么。

◦ "隐藏" 隐藏这些层的内容,而不管父级的值是什么。

使用脚本语言(如 JavaScript)可控制可见性属性并动态地显示层的内容。

- **背景图像**:指定层的背景图像。单击其文件夹图标可浏览到一个图像文件并将其选定。

- **背景颜色**:指定层的背景颜色。如果将此选项留为空白,则可以指定透明的背景。

- **标签**:指定用来定义该层的 HTML 标签。

- **溢出**:控制当层的内容超过层的指定大小时如何在浏览器中显示层。

- **剪辑**:定义层的可见区域。指定左侧、顶部、右侧和底边坐标可在层的坐标空间中定义一个矩形(从层的左上角开始计算)。层经过"剪辑"后,只有指定的矩形区域才是可见的。

5.5.4 层面板

选择"窗口"|"层",打开"层"面板,通过"层"面板可以管理文档中的层。使用"层"面板可防止重叠,更改层的可见性,将层嵌套或层叠,以及选择一个或多个层。"层"面板如图 5-26 所示。

层显示为按 z 轴顺序排列的名称列表;默认情况下,首先创建的层(z 轴顺序为 1)出现在列表的底部,最新创建的层(z 轴顺序大于 1)出现在列表的顶部。但是可以通过更改层的 z 轴来更改层的堆叠顺序。在层的眼形图标列内单击还可以更改层的可见性。

图 5-26 层面板

1. 在"层"面板中更改层的层叠顺序

(1) 选择"窗口"|"层",打开"层"面板。

(2) 将层向上或向下拖至所需的堆叠顺序。

移动层时会出现一条线,它指示该层将出现的位置。当放置线出现在层叠顺序中的所需位置时,松开鼠标按钮。

2. 更改层的可见性

处理文档时,可以使用"层"面板手动显示和隐藏层,以查看页在不同条件下的显示方式。当前选定层始终会变为可见,它在选定时将出现在其他层的前面。

更改层的可见性,操作如下。

(1) 选择"窗口"|"层",打开"层"面板。

(2) 在层的眼形图标列内单击可以更改其可见性。

- 眼睛睁开表示该层是可见的。

- 眼睛闭合表示该层是不可见的。

- 如果没有眼形图标,该层通常会继承其父级的可见性。如果未指定可见性,则不会显示眼形图标。

若要同时更改所有层的可见性,在"层"面板中,单击该列顶部的标题眼形图标。

5.5.5　操纵层

在布局页面时,可以对层进行选择、移动、调整大小和对齐。在对一个层进行选择、移动、调整大小和对齐时,必须先选中该层。如果已启用"防止重叠"选项,则在调整层的大小或移动层时将无法使该层与另一个层重叠。

1. 调整层的大小

1) 调整一个层的大小

(1) 在"设计"视图中,选择一个层。

(2) 执行以下操作之一以调整层的大小。

- 若要通过拖动来调整大小,拖动该层的任一大小调整柄。
- 若要一次调整一个像素的大小,在按箭头键时按住 Ctrl 键。
- 若要按网格靠齐增量来调整大小,在按箭头键时按住 Shift+Ctrl 键。
- 在"属性"面板中,输入宽度(W)和高度(H)的值。

2) 同时调整多个层的大小

(1) 在"设计"视图中,选择两个或更多个层。

(2) 执行下列操作之一。

- 选择"修改"|"对齐"|"设成宽度相同"或"修改"|"对齐"|"设成高度相同"。先选定的层将与最后选定的一个层的宽度或高度一致。
- 在"属性"面板中的"多个层"下输入宽度和高度值。

2. 移动层

(1) 在"设计"视图中,选择一个或多个层。

(2) 执行下列操作之一。

- 若要通过拖动来移动,拖动最后一个选定层(黑色突出显示)的选择柄。
- 若要一次移动一个像素,请使用箭头键。
- 按箭头键时按住 Shift 键可按当前网格靠齐增量来移动层。

3. 对齐层

使用层对齐命令可利用最后一个选定层的边框来对齐一个或多个层。当对层进行对齐时,未选定的子层可能会因为其父层被选定并移动而移动。若要避免这种情况,不要使用嵌套层。

若要对齐两个或更多个层,执行以下操作。

(1) 在"设计"视图中,选择该层。

(2) 选择"修改"|"排列",然后选择一个对齐选项。

例如,如果选择"顶对齐",所有层都会像它们的上边框与最后一个选定层的上边框处于同一垂直位置一样移动。

5.5.6　层与表格相互转换

可以使用层创建布局,然后将层转换为表格,以使布局可以在较早的浏览器中进行查看。在转换为表格之前,确保层没有重叠。

1. 将层转换为表格

首先保存网页，由于未经保存的网页无法进行转换。

（1）选择"修改"|"转换"|"层到表格"，即可显示"转换层为表格"对话框（图 5-27）。

（2）选择所需的选项。

（3）单击"确定"按钮，层即转换为一个表格。

2. 将表格转换为层

（1）选择"修改"|"转换"|"表格到层"，即可显示"转换表格为层"对话框（图 5-28）。

（2）选择所需的选项。

（3）单击"确定"按钮，表格即转换为层。

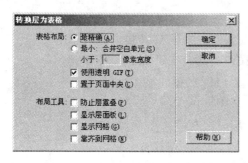

图 5-27   "转换层为表格"对话框

图 5-28   "转换表格为层"对话框

【例 5-5】 层布局实例。

位于"chapter5\层"文件夹下的 index. html 页面采用了层布局（图 5-29），制作步骤如下所示。

（1）新建站点 school，在该站点下新建文件 index. html，双击打开该文件。

图 5-29   层布局实例

（2）在左上角插入一个层 Layer1，在 Layer1 中插入一个图像，位于：层\images\tp1.gif。

（3）在 Layer1 右侧插入一个层 Layer2，在 Layer2 中插入一个图像，位于：层\images\tp3.gif。

（4）在左下方插入一个层 Layer3，在 Layer3 中插入一个图像，位于：层\images\Lacto07.gif。

（5）在 Layer3 右侧插入一个层 Layer4，在 Layer4 中插入一个 10 行 1 列的表格，在每一行输入内容。

（6）在 Layer4 右侧嵌套一个层 Layer5，在 Layer5 中插入一个图像，位于：层\images\yrmuse.gif。

（7）在 Layer1 上插入一个层 Layer6，在 Layer6 中插入一个图像，位于：层\images\122.gif。

（8）保存并预览网页。

习题 5

1. 制作一个主题为"星座物语"的嵌套框架网页，自行收集素材文字和图片，在上框架显示网页标题，在左框架中显示导航链接，右边主框架中显示各个导航单元对应的页面。如图 5-30 所示。

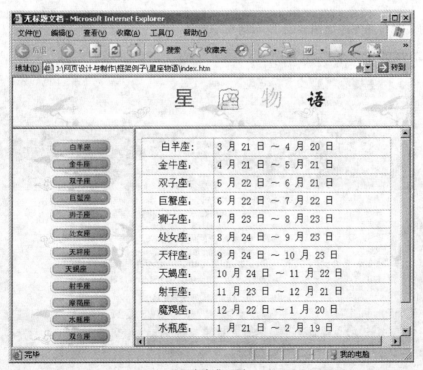

(a) 框架集网页

图 5-30 "星座物语"嵌套框架网页

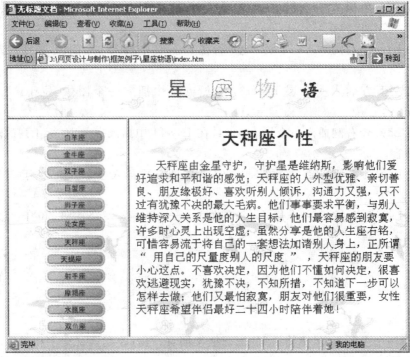

(b) 框架页面

图 5-30 （续）

2. 用表格布局完成如图 5-31 所示的布局效果。

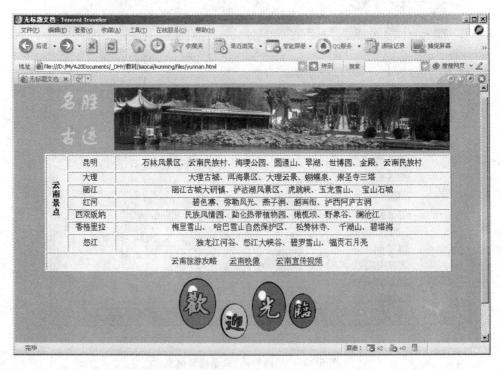

图 5-31 表格布局

3. 用表格完成如图 5-32(a)所示的布局,单击歌词图标后,打开相应的歌词页面,如图 5-32(b)所示。

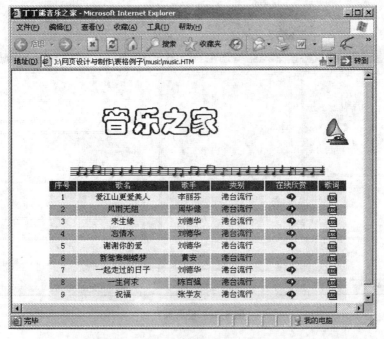

(a) 音乐页面

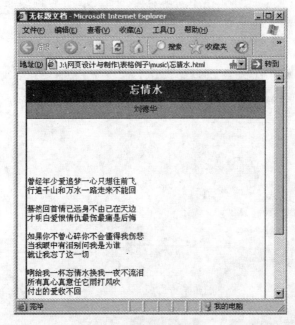

(b) 歌词页面

图 5-32　音乐页面布局

4. 用层完成如图 5-33 所示的布局效果。

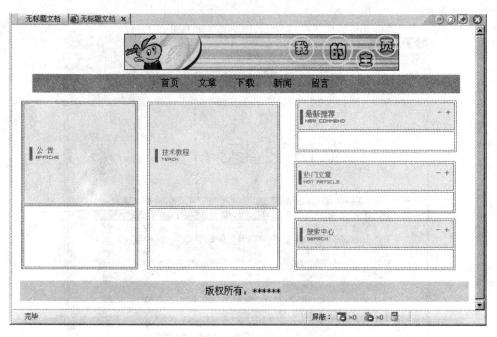

图 5-33　层布局页面

第 6 章

行为

6.1 行为的概念

6.1.1 认识行为

行为是事件和由该事件触发的动作的组合。通过应用直观的命令语句,为网页中的对象添加一些动态的效果和交互功能。

在"行为"面板中,可以先指定一个动作,然后指定触发该动作的事件,从而将行为添加到页面中。行为代码是客户端 JavaScript 代码,即它运行于浏览器中,而不是服务器上。

实际上,事件是浏览器生成的消息,指示该页的访问者执行了某种操作。例如,当访问者将鼠标指针移动到某个链接上时,浏览器为该链接生成一个 onMouseOver 事件;然后浏览器查看是否存在当为该链接生成该事件时浏览器应该调用的 JavaScript 代码。不同的页元素定义了不同的事件;例如,在大多数浏览器中,onMouseOver 和 onClick 是与链接关联的事件,而 onLoad 是与图像和文档的 body 部分关联的事件。

动作是由预先编写的 JavaScript 代码组成的,这些代码执行特定的任务,例如打开浏览器窗口、显示或隐藏层、播放声音或停止 Macromedia Shockwave 影片。

在将行为附加到页元素之后,只要对该元素发生了所指定的事件,浏览器就会调用与该事件关联的动作(JavaScript 代码)。例如,如果将"弹出消息"动作附加到某个链接并指定它将由 onMouseOver 事件触发,那么只要在浏览器中用鼠标指针指向该链接,就将在对话框中弹出消息。

单个事件可以触发多个不同的动作,可以指定这些动作发生的顺序。Dreamweaver 提供大约二十多个行为动作;可以在 Macromedia Exchange Web 站点以及第三方开发人员站点上找到更多的动作。

6.1.2 认识事件

每个浏览器都提供一组事件,这些事件可以与"行为"面板的"动作"弹出式菜单(单击"+"按钮)中列出的动作相关联。当浏览者与网页进行交互时(例如,单击某个图像),浏览器生成事件;这些事件可用于调用引起动作发生的 JavaScript 函数(没有用户交互也可以生成事件,例如设置页面加载)。Dreamweaver 提供许多可以使用这些事件触发的常用动作。

根据所选对象和在"显示事件"子菜单中指定的浏览器的不同,显示在"事件"弹出菜单中的事件将有所不同。若要查明对于给定的页元素给定的浏览器支持哪些事件,在文档中插入该页元素并向其附加一个行为,然后查看"行为"面板中的"事件"弹出菜单。如果页上尚不存在相关的对象或所选的对象不能接收事件,则这些事件将禁用(灰显)。如果未显示预期的事件,确保选择了正确的对象,或在"显示事件"弹出式菜单中更改目标浏览器。

网页的事件主要分为鼠标事件、键盘事件、窗口事件、表单事件等,每一个事件都可以对应一个处理行为。选择"窗口"|"行为"命令可以打开"行为"面板,显示 Dreamweaver 中常见事件,并对页面的行为进行管理和编辑,如图 6-1 所示。

Dreamweaver 常见事件如下。

1. 窗口事件

窗口事件是指窗口发生变化时所触发的事件。主要事件属性名及含义见表 6-1。

表 6-1　窗口事件

属性名	含　义	属性名	含　义
onAbort	停止和中断网页所触发的事件	onResize	改变窗口大小时触发的事件
onLoad	浏览器加载网页时触发的事件	onUnload	停止浏览器加载页面时触发的事件
onMove	移动窗口时触发的事件		

2. 鼠标事件

鼠标事件是当鼠标对页面执行操作时触发的事件,如单击、双击、指向等。主要鼠标事件属性名及含义如表 6-2 所示。

表 6-2　鼠标事件

属性名	含　义	属性名	含　义
onBlur	对象失去焦点所触发的事件	onMouseDown	鼠标左键按下时触发的事件
onClick	单击时触发的事件	onMouseMove	鼠标移动时触发的事件
onDbClick	双击时触发的事件	onMouseOut	鼠标移开对象时触发的事件
onDragDrop	释放拖动对象时触发的事件	onMouseOver	鼠标指向对象时触发的事件
onDragStart	开始拖动对象时触发的事件	onMouseUp	鼠标左键弹起时触发的事件
onFocus	对象获取焦点时触发的事件	onScroll	鼠标移动滚动条触发的事件

3. 键盘事件

键盘事件是操作键盘时触发的事件,主要的键盘事件属性名及含义如表 6-3 所示。

表 6-3　键盘事件

属　性　名	含　义
onKeyDown	键盘上有键被按下时触发的事件
onKeyPress	键盘上按某个特定键时触发的事件
onKeyUp	键盘上被按下的键弹起时的事件

4. 表单事件

表单事件是表单上的控件发生变化或操作表单上控件所触发的事件,主要的表单事件属性名及含义如表 6-4 所示。

表 6-4 表单事件

属 性 名	含 义
OnChange	表单控件内容发生变化时触发的事件
onReset	单击"重置"按钮清空表单控件信息时触发的事件
onSubmit	单击"提交"按钮提交表单时触发的事件
onSelect	选中表单控件时触发的事件

6.2 "行为"面板

选择"窗口"|"行为"命令可以打开"行为"面板,"行为"面板具有以下选项,如图 6-1 所示。

- 显示设置事件:仅显示附加到当前文档的那些事件。"显示设置事件"是默认的视图。
- 显示所有事件:按字母降序显示给定类别的所有事件。
- 添加动作(+):单击加号(+)按钮则打开一个弹出式菜单,如图 6-2 所示,其中包含可以附加到当前所选元素的动作。当从该列表中选择一个动作时,将出现一个对话框,可以在该对话框中指定该动作的参数。如果所有动作都灰显,则没有所选元素可以生成的事件。

图 6-1 "行为"面板

图 6-2 内置行为列表

- 删除(-):从行为列表中删除所选的事件和动作。

Dreamweaver 自带的行为动作说明如下:

- "交换图像":图形交替显示。
- "弹出信息":实现打开网页时,打开一个对话窗口。
- "恢复交换图像":重复前面的交换图像功能。
- "打开浏览器窗口":实现打开网页同时启动另一页面,多用作弹出消息页面。
- "拖动层":实现拖曳层。
- "控制 Shockwave 或 Flash":控制动画播放。

- "播放声音"：实现播放声音。
- "改变属性"：改变一些页面元素的属性。
- "时间轴"：实现对时间轴的停止、播放等功能。
- "显示弹出式菜单"：显示弹出式菜单。
- "检查插件"：判断浏览器中是否已经安装了指定插件。
- "检查浏览器"：判断用户使用的是何种浏览器。
- "检查表单"：对表单进行检查。
- "设置导航栏图像"：制作动态按钮。
- "设置文本"：包括设置层文本、文本域文本、框架文本和状态栏文本。
- "调用 JavaScript"：调用 JavaScript 的一段小程序。
- "跳转菜单"：实现下拉列表中选中一个项目后，跳转到一个 URL 地址。
- "跳转菜单开始"：使用 Jump Menu 的网页元素。
- "转到 URL"：可以实现自动转到另一页面。
- "隐藏弹出式菜单"：隐藏弹出式菜单。
- "预先载入图像"：将网页上的图形下载到本地 Cache 中，可加速图形下载。
- "显示事件"：支持事件的浏览器版本。
- "获取更多行为"：下载第三方插件。

6.3 向网页添加行为

可以将行为附加到整个文档（即附加到 body 标签），还可以附加到链接、图像、表单元素或多种其他 HTML 元素中的任何一种。

附加行为，操作如下。

（1）在页上选择一个元素，例如一个图像或一个链接。

若要将行为附加到整个页，请在"文档"窗口底部左侧的标签选择器中单击 ＜body＞ 标签。

（2）选择"窗口"|"行为"，打开"行为"面板（图 6-1）。

（3）单击加号（＋）按钮并从"动作"弹出菜单中选择一个动作（图 6-2）。

菜单中灰显的动作不可选择。它们灰显的原因可能是当前文档中缺少某个所需的对象。例如，如果文档不包含 Shockwave 或 Macromedia Flash SWF 文件，则"控制 Shockwave 或 Flash"动作为灰显。如果所选的对象无可用事件，则所有动作都灰显。

当选择某个动作时，将出现一个对话框，显示该动作的参数和说明。

（4）为该动作输入参数，然后单击"确定"按钮。

（5）触发该动作的默认事件显示在"事件"栏中。如果这不是需要的触发事件，请从"事件"弹出菜单中选择另一个事件。

6.4 使用内置行为

6.4.1 显示与隐藏层

"显示-隐藏层"动作显示、隐藏或恢复一个或多个层的默认可见性。此动作用于在用户与页进行交互时显示信息。例如,当用户将鼠标指针滑过一个植物的图像时,可以显示一个层给出有关该植物的生长季节和地区、需要多少阳光、可以长到多大等详细信息。

"显示-隐藏层"还可用于创建预先载入层,即一个最初挡住页的内容的较大的层,在所有页组件都完成载入后该层即消失。

使用"显示-隐藏层"动作,操作如下。

(1) 选择"插入"|"层"或单击插入栏中的"层"按钮,然后在"文档"窗口中绘制一个层。重复此步骤来创建其他层。

(2) 在"文档"窗口中单击取消对层的选择,然后打开"行为"面板。

(3) 单击加号(+)按钮并从"动作"弹出菜单中选择"显示-隐藏层",弹出"显示-隐藏层"对话框(图 6-3)。

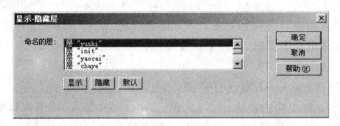

图 6-3 "显示-隐藏层"对话框

如果"显示-隐藏层"不可用,则可能是因为选择了层。因为层在两个 4.0 版本的浏览器中都不接收事件,所以必须选择一个不同的对象——如 body 标签或链接(a 标签)在"命名的层"列表中选择要更改其可见性的层。

(4) 单击"显示"以显示该层,单击"隐藏"以隐藏该层或单击"默认"以恢复层的默认可见性。

(5) 对所有剩下的此时要更改其可见性的层重复第(4)步和第(5)步(可以通过单个行为更改多个层的可见性)。

(6) 单击"确定"按钮。

(7) 检查默认事件是否是所需的事件。如果不是,从弹出式菜单中选择另一个事件。

6.4.2 设置层文本

"设置层文本"动作用指定的内容替换页上现有层的内容和格式设置。该内容可以包括任何有效的 HTML 源代码。虽然"设置层文本"将替换层的内容和格式设置,但保留层的属性,包括颜色。

通过在"设置层文本"对话框的"新建 HTML"文本框中包括 HTML 标签,可对内容进行格式设置。

操作步骤如下。

(1) 选择一个对象并打开"行为"面板。

(2) 单击加号(+)按钮并从"动作"弹出菜单中选择"设置文本"|"设置层文本"。

(3) 在"设置层文本"对话框中(图 6-4),使用"层"弹出菜单选择目标层。

(4) 在"新建 HTML"文本框中输入消息,然后单击"确定"按钮。

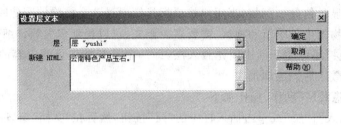

图 6-4 "设置层文本"对话框

（5）检查默认事件是否是所需的事件。如果不是，请从弹出式菜单中选择另一个事件。

【例 6-1】 层与行为实例。

位于文件夹"chapter6\显示隐藏层行为"下的网页 index.html，利用层与"设置层文本"行为相结合的方法，实现以下动态效果：当鼠标移入左边一个图像时，右边会显示相应栏目介绍信息，当鼠标移出此图像时，右边会恢复显示初始信息。

制作步骤如下。

（1）新建页面 index.html，双击打开该页面。

（2）插入一个 4 行 3 列的表格，在每个单元格内单击"插入"|"图像对象"|"鼠标经过图像"，在第 1 行，将"原始图像"设为 collect2.gif，将"鼠标经过图像"设为 collect.gif。在第 2 行，将"原始图像"设为 music2.gif，将"鼠标经过图像"设为 music.gif。在第 3 行，将"原始图像"设为 favour2.gif，将"鼠标经过图像"设为 favour.gif。在第 4 行，将"原始图像"设为 family2.gif，将"鼠标经过图像"设为 family.gif。

（3）将第 3 列的 4 行合并为一个单元格。在此单元格内，输入初始文本内容。

（4）在合并后的单元格内插入层 Layer1，层的大小与此单元格相同，并设置层的背景色为 #FFCCFF，以挡住下面的单元格内容。

（5）选中第一个图像 collect2.gif，单击"窗口"|"行为"，打开"行为"面板，单击"＋"添加行为按钮，从弹出式菜单中选择"设置文本"|"设置层文本"，打开"设置层文本"对话框（图 6-5）。在"新建 HTML"框中输入该层文本，单击"确定"按钮。再从"行为"面板左侧的下拉框中选择 onMouseOver 事件，即鼠标移入图像时，显示该层文本。

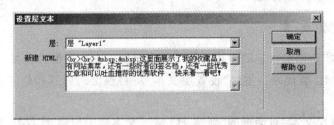

图 6-5 "设置层文本"对话框

（6）选中第一个图像 collect2.gif，在"行为"面板上单击"＋"添加行为按钮，从弹出式菜单中选择"显示-隐藏层"，打开"显示-隐藏层"对话框（图 6-6），选中层 Layer1，单击"隐藏"按钮，然后单击"确定"按钮。再从"行为"面板左侧的下拉框中选择 onMouseOut 事件，即鼠标移出图像时，隐藏层 Layer1。

图 6-6　"显示-隐藏层"对话框

（7）选中第一个图像 collect2. gif，在"行为"面板上单击"＋"添加行为按钮，从弹出式菜单中选择"显示-隐藏层"，打开"显示-隐藏层"对话框（图 6-7），选中层 Layer1，单击"显示"按钮，然后单击"确定"按钮。再从"行为"面板左侧的下拉框中选择 onMouseOver 事件，即鼠标移入图像时，显示层 Layer1。

选中图像 collect2. gif，"行为"面板显示为该图像添加的行为，如图 6-8 所示。

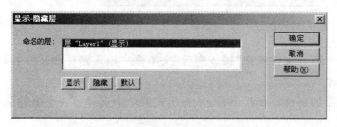

图 6-7　"显示-隐藏层"对话框

图 6-8　collect2. gif 附加的行为

（8）依次选中图像 music2. gif、favour2. gif、family2. gif，然后重复步骤（5）、（6）、（7），分别为每个图像添加"设置层文本"和"显示-隐藏层"行为。

（9）保存预览网页，效果如图 6-9 所示。

(a) 鼠标移出图像效果

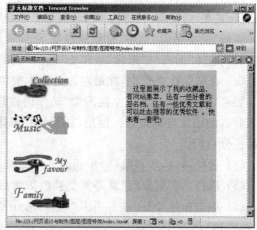

(b) 鼠标移入图像效果

图 6-9　鼠标移出和移入图像效果

6.4.3　播放声音

使用"播放声音"动作来播放声音。例如,可能要在每次鼠标指针滑过某个链接时播放一段声音效果或在页载入时播放音乐剪辑。

注意:浏览器可能需要用某种附加的音频支持(例如音频插件)来播放声音。因此,具有不同插件的不同浏览器所播放声音的效果通常会有所不同。

"播放声音"动作,操作步骤如下。

(1) 选择一个对象并打开"行为"面板。

(2) 单击加号（＋）按钮并从"动作"弹出菜单中选择"播放声音",打开对话框(图 6-10)。

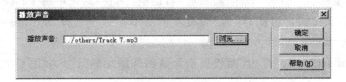

图 6-10　"播放声音"对话框

(3) 单击"浏览"按钮选择一个声音文件或在"播放声音"文本框中输入路径和文件名。

(4) 单击"确定"按钮。

(5) 检查默认事件是否是所需的事件。如果不是,从弹出式菜单中选择另一个事件。

6.4.4　交换图像

"交换图像"动作通过更改 img 标签的 src 属性将一个图像和另一个图像进行交换。使用此动作创建鼠标经过图像和其他图像效果(包括一次交换多个图像)。插入鼠标经过图像会自动将一个"交换图像"行为添加到页面中。

注意:因为只有 src 属性受此动作的影响,所以应该换入一个与原图像具有相同尺寸(高度和宽度)的图像。否则,换入的图像显示时会被压缩或扩展,以使其适应原图像的尺寸。

使用"交换图像"动作,操作步骤如下。

(1) 选择"插入"|"图像"或单击"插入"栏的"图像"按钮来插入一个图像。

(2) 在属性检查器中,在最左边的文本框中为该图像输入一个名称。

如果未为图像命名,"交换图像"动作仍将起作用;当将该行为附加到某个对象时,它将为未命名的图像自动命名。但是,如果所有图像都预先命名,则在"交换图像"对话框中就更容易区分它们。

(3) 重复第(1)步和第(2)步插入其他图像。

(4) 选择一个对象(通常是将交换的图像)并打开"行为"面板。

(5) 单击加号（＋）按钮并从"动作"弹出菜单中选择"交换图像",弹出"交换图像"对话框(图 6-11)。

(6) 从"图像"列表中,选择要更改其源的图像。

(7) 单击"浏览"按钮选择新图像文件或在"设定原始档为"文本框中输入新图像的路径和文件名。

(8) 对所有要更改的其他图像重复第(6)步和第(7)步。同时对所有要更改的图像使用

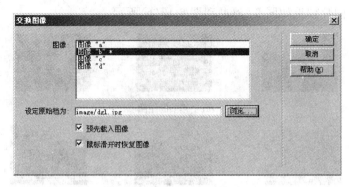

图 6-11 "交换图像"对话框

相同的"交换图像"动作；否则，相应的"恢复交换图像"动作就不能全部恢复它们。

（9）选择"预先载入图像"选项在载入页时将新图像载入到浏览器的缓存中。

（10）单击"确定"按钮。

（11）检查默认事件是否是所需的事件。如果不是，从弹出式菜单中选择另一个事件。

【例 6-2】 交换图像实例 1。

双击打开 kunming\files\xinxi.htm，一次交换校园风光中的三个图像。步骤如下。

（1）选择校园风光左边第一个图像。

（2）在属性检查器中，在最左边的文本框中为该图像输入一个名称：tsg。

（3）重复第（1）步和第（2）步将中间的图像 yqy.jpg 命名为 yqy，将右边的图像 ayst.jpg 命名为 ayst。

（4）选择左边第一个图像 tsg.jpg，并打开"行为"面板。

单击加号（＋）按钮并从"动作"弹出菜单中选择"交换图像"，打开"交换图像"对话框。

（5）从"图像"列表中选择图像 tsg。

（6）单击"浏览"选择新图像文件 1.jpg。

（7）从"图像"列表中选择图像 yqy。

（8）单击"浏览"选择新图像文件 2.jpg。

（9）从"图像"列表中选择图像 ayst。

（10）单击"浏览"选择新图像文件 3.jpg。

（11）选择"预先载入图像"选项（图 6-12），单击"确定"按钮。

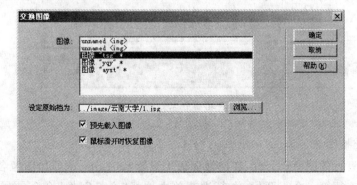

图 6-12 交换图像实例 1

交换前后的图片效果如图 6-13(a)和图 6-13(b)所示。

(a) 交换前的图像

(b) 交换后的图像

图 6-13　交换前后的图像效果

【例 6-3】　交换图像实例 2。

用表格制作一个交换图像的查看器，当鼠标指针指在小图上时，在状态栏显示该图的说明信息，并在下方显示小图相对应的大图。页面效果如图 6-14 所示，制作步骤如下。

(1) 给 4 幅小图分别设置状态栏信息。

① 插入 3 行 4 列的表格布局，进行相应的单元格合并。在第一行输入标题"查看图像"，在第二行插入 4 个图片 tu01.jpg、tu02.jpg、tu03.jpt、tu04.jpg，每幅图的宽设为 65 像素，高设为 45 像素，名称依次设为：a、b、c、d。在第三行插入 tu01.jpg，图片大小保持原始大小不变，名称设为 pic。

② 单击"窗口"|"行为"，打开"行为"面板，选中第 1 幅图，单击"＋"，添加行为，选择"设置文本"|"设置状态栏文本"，打开"设置状态栏文本"对话框，如图 6-15 所示，在消息框输入"红色的桥"。事件名设为 onMouseOver，表示鼠标移入第 1 幅图时在状态栏会出现该消息。同理，将第 2 幅图的状态栏文本设为"海中的涯"，第 3 幅

图 6-14　交换图像实例 2

图的状态栏文本设为"奔流的水"，第 4 幅图的状态栏文本设为"五彩的廊"。将浏览器标题栏显示的标题设为"行为的学习"。

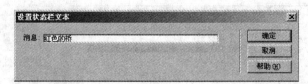

图 6-15　"设置状态栏文本"对话框

(2) 设置交换图像行为。

① 选中第三行的图 tu01.jpg，在属性面板上设置 tu01.jpg 的原始图像名称为 pic。

② 选中第二行第一个小图像，在行为菜单中选择"交换图像"命令，在打开的"交换图

像"对话框(图 6-16)的"图像"列表框中均选择图像 pic,在"设定原始档为"文本框中定义此幅小图相对应的大图地址,即鼠标移入图像 a 时,将图像 pic 的原始文档交换为 images/tu01.jpg,并将下面的两个复选框选中。

③ 同理,为图像 b、c、d 分别添加"交换图像"行为,当鼠标移入图像 b 时,将图像 pic 的原始文档交换为 images/tu02.jpg,当鼠标移入图像 c 时,将图像 pic 的原始文档交换为 images/tu03.jpg,当鼠标移入图像 d 时,将图像 pic 的原始文档交换为 images/tu04.jpg。添加了 3 个行为的"行为"面板如图 6-17 所示。

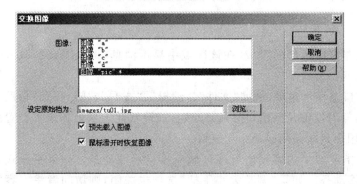

图 6-16 "交换图像"对话框

图 6-17 "行为"面板

6.4.5 打开浏览器窗口

使用"打开浏览器窗口"动作在一个新的窗口中打开 URL。可以指定新窗口的属性(包括其大小)、特性(它是否可以调整大小、是否具有菜单栏等)和名称。例如,可以使用此行为在访问者单击缩略图时在一个单独的窗口中打开一个较大的图像;使用此行为,可以使新窗口与该图像恰好一样大。

如果不指定该窗口的任何属性,在打开时它的大小和属性与打开它的窗口相同。指定窗口的任何属性都将自动关闭所有其他未显式打开的属性。例如,如果不为窗口设置任何属性,它将以 640×480 像素的大小打开并具有导航条、地址工具栏、状态栏和菜单栏。如果将宽度显式设置为 640、将高度设置为 480 并不设置其他属性,则该窗口将以 640×480 像素的大小打开,并且不具有任何导航条、地址工具栏、状态栏、菜单栏、调整大小手柄和滚动条。

若要使用"打开浏览器窗口"动作,执行以下操作。

(1) 选择一个对象并打开"行为"面板。

(2) 单击加号(+)按钮并从"动作"弹出菜单中选择"打开浏览器窗口",打开"打开浏览器窗口"对话框(图 6-18)。

(3) 单击"浏览"按钮选择一个文件或输入要显示的 URL。

(4) 设置以下任一选项。

- **窗口宽度**:指定窗口的宽度(以像素为单位)。
- **窗口高度**:指定窗口的高度(以像素为单位)。
- **导航工具栏**:是一行浏览器按钮(包括"后退"、"前进"、"主页"和"重新载入")。
- **地址工具栏**:是一行浏览器选项(包括地址文本框)。

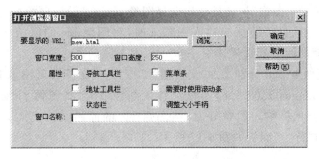

图 6-18 "打开浏览器窗口"对话框

- **状态栏**：是位于浏览器窗口底部的区域，在该区域中显示消息（例如剩余的载入时间以及与之关联的 URL）。
- **菜单栏**：是浏览器窗口上显示菜单（例如"文件"、"编辑"、"查看"、"转到"和"帮助"）的区域。如果要让访问者能够从新窗口导航，应该显式设置此选项。如果不设置此选项，则在新窗口中用户只能关闭或最小化窗口。
- **需要时显示滚动条**：指定如果内容超出可视区域应该显示滚动条。如果不显式设置此选项，则不显示滚动条。如果"调整大小手柄"选项也关闭，则访问者将不容易看到超出窗口原始大小以外的内容。
- **调整大小手柄**：指定用户应该能够调整窗口的大小，方法是拖动窗口的右下角或单击右上角的最大化按钮。如果未显式设置此选项，则调整大小控件将不可用，右下角也不能拖动。
- **窗口名称**：是新窗口的名称。如果要通过 JavaScript 使用链接指向新窗口或控制新窗口，则应该对新窗口进行命名。此名称不能包含空格或特殊字符。

（5）单击"确定"按钮。

（6）检查默认事件是否是所需的事件。

【例 6-4】 打开浏览器窗口实例。

在 Dreamweaver 中打开 kunming\files\table.html，为 table.html 页面附加上一个"打开浏览器窗口"行为，当浏览器加载 table.html 时会打开一个 new.html 页面。制作步骤如下。

（1）双击打开 table.html 文件，选择＜body＞标签，并打开"行为"面板。

（2）单击加号（＋）按钮并从"动作"弹出菜单中选择"打开浏览器窗口"。

（3）单击"浏览"选择文件 new.html。

（4）设置窗口宽度为 300 像素，窗口高度为 250 像素。其他选项都为空。

（5）将从下拉列表中将事件设置为 onLoad，表明加载 table.html 时打开 new.html。

6.4.6 转到 URL

"转到 URL"动作在当前窗口或指定的框架中打开一个新页。此操作尤其适用于通过一次单击更改两个或多个框架的内容。

使用"转到 URL"动作，执行以下操作。

（1）选择一个对象并打开"行为"面板。

（2）单击加号（＋）按钮并从"动作"弹出菜单中选择"转到 URL"。

（3）在打开的"转到 URL"对话框（图 6-19）中，从"打开在"列表中选择 URL 的目标。

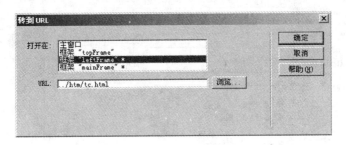

图 6-19 "转到 URL"对话框

"打开在"列表自动列出当前框架集中所有框架的名称以及主窗口。如果没有任何框架，则主窗口是唯一的选项。

注意：如果任何框架命名为 top、blank、self 或 parent，则此动作可能产生意想不到的结果。浏览器有时将这些名称误认为保留的目标名称。

（4）单击"浏览"按钮选择要打开的文档或在 URL 文本框中输入该文档的路径和文件名。

（5）重复第（3）步和第（4）步在其他框架中打开其他文档。

（6）单击"确定"按钮。

（7）检查默认事件是否是所需的事件。

6.4.7 设置导航条图像

使用"设置导航条图像"动作将某个图像变为导航条图像或更改导航条中图像的显示和动作。使用"设置导航条图像"对话框的"基本"标签创建或更新导航条图像或图像组、更改当单击导航条按钮时显示的 URL 以及选择在其中显示 URL 的其他窗口。

使用"设置导航条图像"对话框的"高级"选项卡根据当前按钮的状态更改文档中其他图像的状态。默认情况下，单击导航条中的一个元素将使导航条中的所有其他元素自动返回到它们的一般状态；如果想将某个图像在所选图像处于按下状态或滑过状态时设置为不同的状态，则使用"高级"标签。

编辑"设置导航条图像"动作，执行以下操作。

（1）选择导航条中要编辑的图像，然后打开"行为"面板。

（2）在"行为"面板的"动作"列中，双击与正在更改的事件相关联的"设置导航条图像"动作。

（3）在"设置导航条图像"对话框的"基本"标签中（图 6-20），选择图像编辑选项。

为某个导航条按钮设置多个图像，请执行以下操作。

（1）选择导航条中要编辑的图像，然后打开"行为"面板。

（2）在"行为"面板的"动作"列中，双击与正在更改的事件相关联的"设置导航条图像"动作。

（3）单击"设置导航条图像"对话框的"高级"标签。

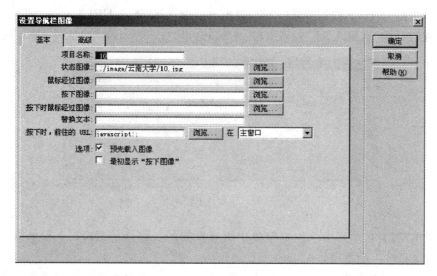

图 6-20 "设置导航栏图像"对话框

（4）在"当元素显示时"弹出菜单中，选择一个图像状态。

- 若想要在一个用户单击了所选的图像之后更改另一个图像的显示，则选择"按下图像"。
- 若想要在鼠标指针滑过所选的图像时更改另一个图像的显示，则选择"鼠标经过图像或按下时鼠标经过图像"。

（5）在"同时设定图像"列表中，选择页上要设置的另一个图像。

（6）单击"浏览"按钮选择要显示的图像文件或在"变成图像文件"文本框中输入图像文件的路径。

（7）如果在第（4）步中选择了"鼠标经过图像或按下时鼠标经过图像"，则具有附加的选项。在"按下时，变成图像文件"文本框中，单击"浏览"按钮选择图像文件或输入要显示的图像文件的路径。

6.4.8 设置状态栏文本

"设置状态栏文本"动作在浏览器窗口底部左侧的状态栏中显示消息。例如，可以使用此动作在状态栏中说明链接的目标而不是显示与之关联的 URL。访问者常常会忽略或注意不到状态栏中的消息；如果消息非常重要，要将其显示为弹出式消息或层文本。"设置状态栏文本"对话框如图 6-21 所示。

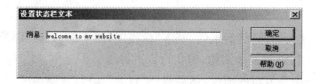

图 6-21 "设置状态栏文本"对话框

6.4.9 显示弹出式菜单

使用"显示弹出式菜单"行为来创建或编辑 Dreamweaver 弹出式菜单,或者打开并修改已插入 Dreamweaver 文档的 Fireworks 弹出式菜单。

通过在如图 6-22 所示的"显示弹出式菜单"对话框中设置选项来创建水平或垂直弹出菜单。可以使用此对话框来设置或修改弹出菜单的颜色、文本和位置。

若要查看文档中的弹出式菜单,必须在浏览器窗口中打开该文档,然后将鼠标指针滑过触发图像或链接。

注意:必须使用 Dreamweaver 属性检查器中的"编辑"按钮来编辑 Fireworks 基于图像的弹出式菜单中的图像。但是,可以使用"显示弹出式菜单"命令来更改基于图像的弹出式菜单中的文本。

使用"显示弹出式菜单"动作,执行以下操作。

(1) 选择要附加该行为的对象并打开"行为"面板(Shift+F4)。

(2) 单击加号(+)按钮并从"动作"弹出菜单中选择"显示弹出式菜单"。

(3) 在出现的"显示弹出式菜单"对话框中(图 6-22),使用以下标签来设置弹出菜单的选项。

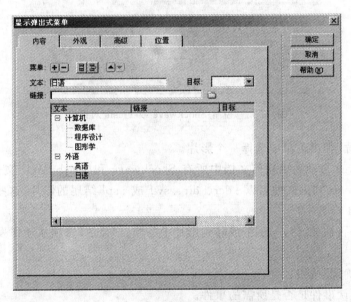

图 6-22 "显示弹出式菜单"对话框

- **内容**:允许单独设置各菜单项的名称、结构、URL 和目标。
- **外观**:设置菜单"一般状态"和"滑过状态"的外观以及设置菜单项文本的字体选择。
- **高级**:设置菜单单元格的属性。例如,可以设置单元格的宽度和高度、单元格颜色和边框宽度、文本缩进以及在用户将鼠标指针移到触发器上后菜单出现之前的延迟时间长度。
- **位置**:设置菜单相对于触发图像或链接的放置位置。

6.4.10　控制 Shockwave 或 Flash

使用"控制 Shockwave 或 Flash"动作来播放、停止、倒带或转到 Macromedia Shockwave 或 Macromedia Flash SWF 文件中的帧。使用"控制 Shockwave 或 Flash"动作，执行以下操作。

（1）选择"插入"|"媒体"|Shockwave 或"插入"|"媒体"|Flash 分别插入 Shockwave 或 Flash SWF 文件。

（2）选择"窗口"|"属性"并在左上方文本框（在 Shockwave 或 Flash 图标旁边）中输入影片的名称。若要用"控制 Shockwave 或 Flash"动作对影片进行控制，必须对该影片进行命名。

（3）选择要用于控制 Shockwave 或 Flash SWF 文件的项。例如，如果具有用于播放影片的"播放"按钮的图像，则选择该图像。

（4）打开"行为"面板（"窗口"|"行为"）。

（5）单击加号（＋）按钮并从"动作"弹出菜单中选择"控制 Shockwave 或 Flash"。出现一个参数对话框，如图 6-23 所示。

图 6-23　"控制 Shockwave 或 Flash"对话框

（6）从"影片"弹出菜单中选择一个影片。

Dreamweaver 自动列出当前文档中所有 Shockwave 和 Flash SWF 文件的名称（具体来说，Dreamweaver 列出文件名以 .dcr、.dir、.swf 或 .spl 结尾的影片，这些文件扩展名在 object 或 embed 标签中）。

（7）选择是否播放、停止、倒带或转到影片中的帧。"播放"选项从动作发生的帧开始播放影片。

（8）单击"确定"按钮。

（9）检查默认事件是否是所需的事件。

【例 6-5】　控制 Shockwave 或 Flash 实例。

在 kunming\files\table.html 页面中间的 Flash 动画下方添加两个 Flash 按钮，分别为"播放"和"停止"，用于控制 Flash 动画。效果如图 6-24 所示。制作步骤如下。

（1）双击打开 table.htm 文件，选中 Flash 文件，输入影片的名称 yunnan。

（2）在 Flash 文件下方分别插入两个 Flash 按钮，按钮文字分别为"播放"和"停止"。

（3）选择"播放"按钮。在"行为"面板上单击加号（＋）按钮，并从"动作"弹出菜单中选择"控制 Shockwave 或 Flash"。出现如图 6-23 所示的参数对话框。

（4）从"影片"弹出菜单中选择影片 yunnan。选择"播放"单选项。

图 6-24 控制 Flash 实例

（5）选择"停止"按钮。在"行为"面板上单击加号（＋）按钮，并从"动作"弹出菜单中选择"控制 Shockwave 或 Flash"。出现如图 6-23 所示的参数对话框。

（6）从"影片"弹出菜单中选择影片 yunnan。选择"停止"单选项。

6.4.11 拖动层

"拖动层"动作允许访问者拖动层。使用此动作创建拼板游戏、滑块控件和其他可移动的界面元素，可以指定访问者可以向哪个方向拖动层（水平、垂直或任意方向），访问者应该将层拖动到的目标、如果层在目标一定数目的像素范围内是否将层靠齐到目标，当层接触到目标时应该执行的操作和其他更多的选项。

因为在访问者可以拖动层之前必须先调用"拖动层"动作，所以请确保触发该动作的事件发生在访问者试图拖动层之前。最佳的方法是（使用 onLoad 事件）将"拖动层"附加到 body 对象上，不过也可以使用 onMouseOver 事件将它附加到填满整个层的链接上（例如图像周围的链接）。

使用"拖动层"动作，执行以下操作。

（1）选择"插入"｜"层"或单击"插入"栏上的"绘制层"按钮，并在"文档"窗口的"设计"视图中绘制一个层。

（2）通过单击"文档"窗口底部标签选择器中的 ＜body＞ 选择 body 标签。

（3）打开"行为"面板。

（4）单击加号（＋）按钮并从"动作"弹出菜单中选择"拖动层"。

如果"拖动层"不可用，则可能是因为选择了层。必须选择一个不同的对象，如 body 标签或链接（a 标签）。

（5）在"层"弹出菜单中，选择要使其可拖动的层。

（6）从"移动"弹出菜单中选择"限制"或"不限制"。

不限制移动适用于拼板游戏和其他拖放游戏。对于滑块控件和可移动的布景（例如文件抽屉、窗帘和小百叶窗），请选择限制移动。

（7）对于限制移动，在"上"、"下"、"左"和"右"文本框中输入值（以像素为单位）。

这些值是相对于层的起始位置的。如果限制在矩形区域中的移动，则在所有 4 个文本框中都输入正值。如果只允许垂直移动，则在"上"和"下"域中输入正值，在"左"和"右"域中输入 0。如果只允许水平移动，则在"左"和"右"域中输入正值，在"上"和"下"域中输入 0。

（8）在"左"和"上"文本框中为拖放目标输入值（以像素为单位）。

拖放目标是一个点，想要访问者将层拖动到该点上。当层的左坐标和上坐标与在"左"和"上"文本框中输入的值匹配时便认为层已经到达拖放目标。这些值是与浏览器窗口的左上角相对的。单击"取得目前位置"用层的当前位置自动填充这些文本框。

（9）在"靠齐距离"文本框中输入一个值（以像素为单位）确定访问者必须放目标多近，才能将层靠齐到目标。较大的值可以使访问者较容易找到拖放目标。

（10）对于简单的拼板游戏和布景处理，可以到此为止了。若要定义层的拖动控制点、在拖动层时跟踪层的移动以及当放下层时触发一个动作，请单击"高级"标签。

（11）若要指定访问者必须单击层的特定区域才能拖动层，请从"拖动控制点"弹出菜单中选择"层内区域"；然后输入左坐标和上坐标以及拖动控制点的宽度和高度。

此选项用于层中的图像具有提示拖动元素（例如一个标题栏或抽屉把）的情况。如果要让访问者单击层的任何位置都可以拖动层，则不要设置此选项。

（12）选择任何要使用的"拖动时"选项：

• 如果层在被拖动时应该移动到堆叠顺序的顶部，则选择"将层移至最前"。如果选择此选项，则使用弹出菜单选择是否将层保留在最前面或将其恢复到它在堆叠顺序中的原位置。

• 在"调用 JavaScript"文本框中输入 JavaScript 代码或函数名称（如 monitorLayer()）以在拖动层时反复执行该代码或函数。例如，可以编写一个函数，该函数监视层的坐标并在一个文本框中显示提示（如"您正在接近目标"或"您离拖放目标还很远"）。

（13）在第二个"调用 JavaScript"文本框中输入 JavaScript 代码或函数名称（例如，evaluateLayerPos()）以在放下层时执行该代码或函数。如果只有在层到达拖放目标时才执行该 JavaScript，则选择"只有在靠齐时"。

（14）单击"确定"按钮。

（15）检查默认事件是否是所需的事件。

【例 6-6】 行为综合实例。

新建一个网站，使用框架布局，并给不同的网页元素附加行为。步骤如下：

（1）选中<frameset>标签，分别附加"播放音乐"和"打开浏览器窗口"行为，打开首页index. html 时弹出一个小窗口，并播放音乐。如图 6-25 所示。

（2）选中链接"我的星座"，附加"转到 URL 行为"，单击链接时同时改变左右两个框架的页面，单击"我的星座"，效果如图 6-26 所示。

（3）在"我的收藏"页面 main. html，为左边每个缩略图分别附加两个"显示/隐藏层"行为，一个为 onMouseOver 事件，一个为 onMouseOut 事件，鼠标移入/移出缩略图时，在右边交替显示不同层的内容，效果如图 6-27 所示。

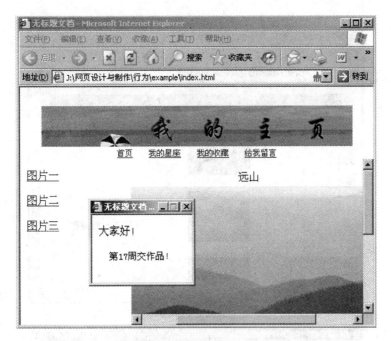

图 6-25　首页 Index. html

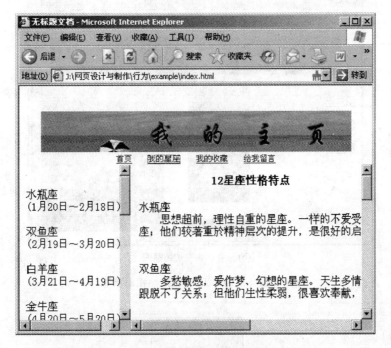

图 6-26　"我的星座"页面

（4）选中链接"给我留言"，附加"弹出信息"行为，单击"给我留言"，首先弹出图 6-28 所示的消息框。单击"确定"按钮后打开表单页面如图 6-29 所示。

(a) 鼠标移出左边缩略图

(b) 鼠标移入左边缩略图

图 6-27　鼠标移入/移出缩略图时状态

图 6-28　消息框

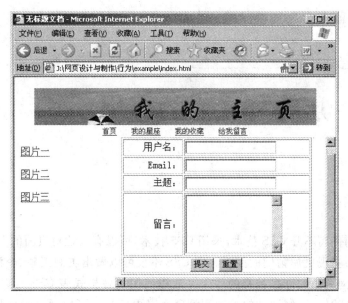

图 6-29 表单页面 form.html

习题 6

1. 制作一个页面，根据不同页面元素添加多种行为，例如：交换图像、转到 URL、弹出信息、播放声音、设置状态栏文本、转到 URL 和打开浏览器窗口。

2. 制作一个简单的 Flash 动画，并为该动画添加控制 Flash 动画行为，实现动画的播放和停止功能。

3. 使用"显示/隐藏层"行为，实现如图 6-9 所示鼠标移入移出某个对象时，在图层中显示不同内容的页面效果。

第 7 章

层叠样式表的应用

现代网页制作离不开 CSS 技术,采用 CSS 技术,可以有效地对页面的布局、字体、颜色、背景和其他效果实现更加精确的控制。用 CSS 不仅可以做出美观工整、令浏览者赏心悦目的网页,还能给网页添加许多神奇的效果。通过使用层叠样式表 CSS 可以美化网页,实现网站内网页风格的统一,使网站的维护和管理变得更容易。可以通过导出样式表文件并应用于其他文档,快速实现网站设计风格的一致。

7.1 CSS 概述

7.1.1 CSS 的概念

CSS(Cascading Style Sheet)中文全称为层叠样式表,CSS 是一种格式化网页的便捷技术,CSS 应用在网页设计中,易于精确控制网页布局、提高代码重用率、简化 HTML 中的各种烦琐标记、提高网页传输速率、便于对网页的更新与维护。CSS 扩充了 HTML 各标记的属性设定(即样式),而且 CSS 样式可通过 JavaScript 程序来控制,这样便可以有效地对网页的外观和布局进行更精确的控制,从而使网页的表现方式更加灵活和美观。

引入 CSS 的主要目的在于将网页要显示的内容与样式设定分开,也就是将网页的外观设定信息从网页内容中独立出来,并集中管理。网页的样式设定和内容分离的好处除了可集中管理外,如果进一步将 CSS 样式信息存成独立的文件,只需修改一个样式表文件就能改变多个网页的外观和格式,这样可省去在每一个网页文件中重复设定的麻烦。

CSS 是能够真正做到网页表现与内容分离的一种样式设计语言。相对于传统 HTML 的表现而言,CSS 能够对网页中的对象的位置排版进行像素级的精确控制,支持几乎所有的字体字号样式,还可以通过由 CSS 定义的大小不一的盒子和盒子嵌套来定位排版网页内容。用这种方式排版的网页代码简洁,更新方便,能兼容更多的浏览器。

7.1.2 定义 CSS 样式

CSS 格式设置规则由两部分组成:选择器和声明。

在下面的示例中,H1 是选择器,介于大括号({})之间的所有内容都是声明:

```
H1 {
font - size:16 pixels;
font - family:Helvetica;
font - weight:bold;
}
```

声明由两部分组成：属性（如 font-family）和属性值（如 Helvetica）。

上述示例为 H1 标签创建了样式：链接到此样式的所有 H1 标签的文本都将是 16 像素大小并使用 Helvetica 字体和粗体。

借助 CSS 的强大功能，网页将在丰富的想象力下千变万化。图 7-1 的模糊效果文字就是利用 CSS 的滤镜实现的。网页源代码如下所示：

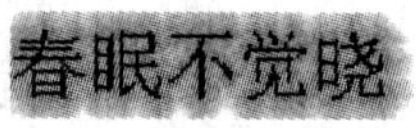

春眠不觉晓

图 7-1　文字模糊滤镜效果

```
< html >< head >
< title > css </title >
< style >// * CSS 样式定义开始 * //
<! --
div{width:200; filter: glow(color = " ♯ff7f00",strength = 10)}
 -->
</style >
</head >
< body >
< div >< p style = "font - size:24;font - style:bold; color: black;"> 春眠不觉晓</p></div >
</body ></html >
```

在上面代码的<head>…</head>中，使用<style>来指定样式。一般来说，<style>下面的 CSS 语句是以注释语句的形式书写的。上例中定义页面样式的语句是：

```
div{width = 200; glow{filter: glow(color = " ♯ff7f00",strength = "10")}}
```

选择器可以是 HTML 中任何的标识符，比如 P、DIV、IMG 甚至 BODY 都可以作为选择器。这里用 div 做选择器，即括在<div></div>中的内容将以上面语句中大括号内定义的格式显示。

括号内的 width 和 filter 是属性。width 定义了 div 区域内的页面的宽度，200 是属性值。filter 定义了滤镜属性，glow 是它的属性值，该属性值产生的是一种发光效果，其小括号内定义的是 glow 属性值的一些参数。color 参数指定发光的颜色。strength 用于设置发光效果的强度，取值为 0～255 之间的整数。

除了在<HEAD>中有 CSS 的定义，在<BODY>中也有一段 CSS 定义：

```
< p style = "font - size:24;font - style:bold; color: black;"> 春眠不觉晓</p>
```

这里 style 是内嵌到<p>中来定义该段落的格式的。在<BODY>中的 CSS 语句与定义在<HEAD>中还有些不同，它是用 style 属性直接定义的。

按照 CSS 语句的基本格式，可以看出上面定义 P 段落内的 CSS 代码中 font-size、font-style 和 color 是属性，分别定义<P>中"春眠不觉晓"字体的大小（size）、样式（style）和颜色(color),而 24、bold、black 是属性值。意思是"春眠不觉晓"将以 24pt、粗体、黑色的样式显示。由于整个段落是定义在<DIV>中的,所以"春眠不觉晓"又将显示出<head>中定义的滤镜属性来。最终效果如图 7-1 所示。

在上一个例子中,字体的模糊效果就是运用了 CSS 的滤镜功能。我们可以看到用很简单的 CSS 语句就可以实现许多需要专业软件才可以达到的效果。利用属性可以设置字体、颜色、背景等页面格式;利用定位可以使页面布局更加规范、好看;利用滤镜可以使页面产生多媒体效果。

7.2 CSS 样式选择器

正如前面所讲的,CSS 样式定义的基本语句是:

选择器{属性:属性值;……}

其中选择器表示需要应用样式的内容,属性表示由 CSS 标准定义的样式属性,属性值表示样式属性的值。选择器有 5 种:HTML 标记符、嵌套 HTML 标记符、类、用户定义的 ID、伪类。

1. HTML 标记符

HTML 标记符是最常用的选择符,可以为某个或多个具有相同样式的 HTML 标记符定义样式。如:

```
P{color: red}
H1{color: red}
H2{color: red}
```

若三个标记符都有相同的样式,可以合在一起定义:

```
P,H1,H2{color: red}
```

2. 嵌套组合 HTML 标记符

可以为嵌套的组合标记符设置样式,如:TD H1{color:red,text-align:center}。

注意:TD 和 H1 之间以空格分隔。

3. 类选择器

为某个具体的 HTML 标记符定义样式,只能改变一个标记符的样式,为了使定义的样式能够应用在所有标记符上,以提高样式的通用性,可以在<head>部分使用用户定义的类(class)来创建样式。

```
.类名{属性:属性值;……}
< head >
< style >
.red{color: red}
</style>
</head>
```

在网页正文<body>部分,在要引用该样式的标记符内使用 class 属性,即可引用类定义样式。

```
< body >
< p class = "red">网页设计</p>
< h1 class = "red">春回大地</h1 >
</body >
```

4. ID 选择器

当想把同一样式应用到不同标记符上时,除了使用".类名"的方式定义一个通用类以外,还可以使用用户定义的 ID 选择符定义样式。要定义 ID 选择符样式,格式如下。

#ID 号{属性: 属性值; ……}

```
< head >
< style >
#red{color: red}
</style >
</head >
```

在正文部分,在引用该样式的标记符内使用 id 属性,即可引用用户 ID 选择器样式。

```
< body >
< p id = "red">网页设计</p>
< h1 id = "red">春回大地</h1 >
</body >
```

5. 伪类选择器

对于超链接 A 标记符,可以用伪类的方式来设置超链接的不同显示方式,超链接共有访问过的、未访问过的、激活的以及鼠标指针悬停在其上 4 种状态。

可以用以下 4 种选择器设置超链接的样式。

- A：link {属性:属性值}　　　未被访问过的超链接样式
- A：visited {属性:属性值}　　已访问过的超链接样式
- A：active {属性:属性值}　　　鼠标按下(激活)的超链接样式
- A：hover{属性:属性值}　　　鼠标悬停的超链接样式

例如：

a：link{color：black；text-decoration：none}

a：visited{color：gray；text-decoration：none}

a：active{color：blue}

a：hover{color：red；text-decoration：underline}

7.3　网页中引入 CSS 的三种方式

CSS 样式在网页文档中的三种引用方式是：外部样式表文件、嵌入式样式和内嵌样式。

1. 外部样式表文件

这种方式是将 CSS 样式定义保存为一个扩展名为.CSS 的文件。在 HTML 文档头通过文件引用进行风格控制。在<head></head>之间插入下列语句实现对外部 CSS 文件的引用。

```
< link rel = "stylesheet" href = "文件名.css" type = "text/css">
```

应用 CSS 文件的最大好处就是可以在每个 HTML 文件中引用这个文件，这使得整个站点的 HTML 文件在风格上保持一致。另外，需要对整个网站的 CSS 样式风格进行修改时，只需直接修改 CSS 文件就可以，而不必每个 HTML 文件都修改。

2. 嵌入式样式

采用嵌入式样式，将 CSS 样式直接定义在文档头<head></head>之间，而不是形成文件。样式使用范围也仅限于本网页。

```
< style type = "text/css">
.11 {letter - spacing: 3px; text - align: left; word - spacing:3pt; white - space: normal; }
</style>
```

应用嵌入式样式的主要用处是：在使用 CSS 外部文件样式使整个网站风格统一的前提下，可针对具体页面进行具体调整。CSS 嵌入式样式与 CSS 外部文件方式并不相互排斥，而是相互补充，比如在 CSS 外部文件中定义了 P 标签的字体颜色 font-color 为 blue，而在内部文档中可具体定义 P 标签的字体颜色 font-color 为 green，而在 P 标签内部可通过 style 属性再次具体定义 P 标签字体颜色为 red。套用样式时使用就近原则,这就是"层叠样式表"的真正含义。

3. 内嵌样式

内嵌样式只需要在每个 HTML 标签内书写 CSS 属性就可以了。这种方式很简单，但很直接。例如<p style= "color：red；font- size：10pt ">。内嵌样式主要用于对具体的标签做具体的调整，其作用的范围只限于本标签。

7.4 创建和应用 CSS 样式

7.4.1 新建 CSS 样式

1. 打开"新建 CSS 样式"对话框

要打开"新建 CSS 样式"对话框,将插入点定位在文档中,然后执行以下操作之一。

- 单击"窗口"|"CSS 样式"菜单项,打开"CSS 样式"面板。在"CSS 样式"面板中,单击面板右下角区域中的"新建 CSS 规则"按钮 ，如图 7-2 所示。打开"新建 CSS 规则"对话框,如图 7-3 所示。
- 单击"文本"|"CSS 样式"|"新建"菜单项,打开"新建 CSS 规则"对话框,如图 7-3 所示。

图 7-2   CSS 样式面板

- 在网页文档窗口内右击鼠标,弹出快捷菜单,选择"CSS 样式"|"新建"菜单项,打开"新建 CSS 规则"对话框,如图 7-3 所示。
- 在"CSS 样式"面板上右击鼠标,弹出快捷菜单,选择"新建"菜单项,打开"新建 CSS 规则"对话框,如图 7-3 所示。

2. 确定选择器类型

在图 7-3 中,选择器类型有三个单选项,说明如下。

- 第一项表示用类作为选择器,可以任意命名,以. 开头,例如. title、. h 等。

- 第二项表示用 HTML 标签作为选择器，选择一个 HTML 标签，如 p、li 等。
- 第三项表示可使用嵌套的组合标记符、伪类、用户自定义 ID 作为选择器，如 td h1、a：hover、a：link、♯red 等。

3. 选择定义样式的位置
- 若要创建外部样式表，选择"新建样式表文件"。
- 若要在当前文档中嵌入样式，选择"仅对该文档"。

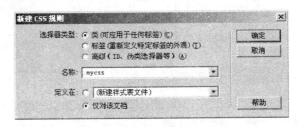

图 7-3　创建类样式

7.4.2　创建和应用类样式

1. 创建类样式

（1）打开"新建 CSS 规则"对话框。

（2）确定选择器。

若要创建可应用于所有标记符的样式，则选择第一项"类（可应用于任何标签）"，如图 7-3 所示。

在下面的"名称"框中输入所要建立的 CSS 名字. mycss，"定义在："选择"仅对该文档"，单击"确定"按钮，进入此样式表定义窗口。

（3）用设计器定义样式。

先选择一种字体列表，设置字号，字体颜色，粗体，斜体，接着设置行距，在"行高"框中输入 20，后面单位为"点数"，表示行高为 20 点，如图 7-4 所示。

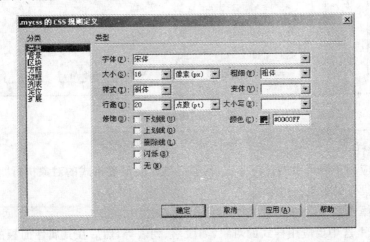

图 7-4　"类型"分类

接下来在"分类"列表中选择"背景",设置一种背景颜色,如图 7-5 所示。

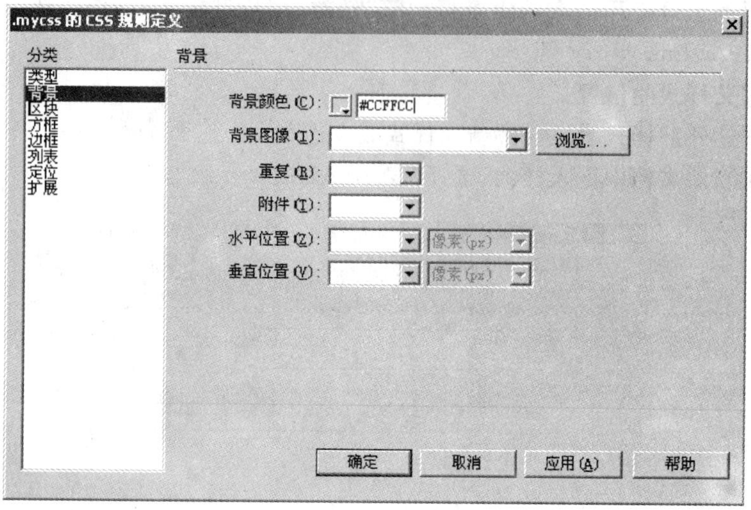

图 7-5 "背景"分类

再从"分类"列表中选择"区块",设置"字母间距"为 2 个像素,文字对齐方式(Text Align)为"左对齐",如图 7-6 所示。单击"确定"按钮,这种样式就定义好了。

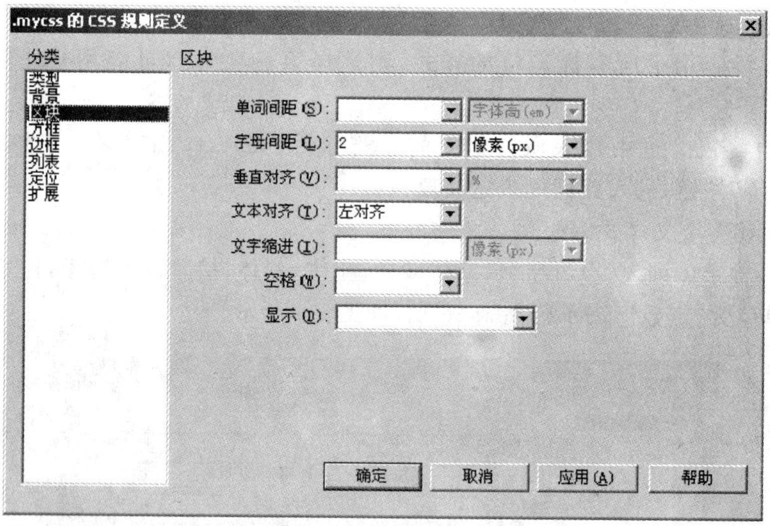

图 7-6 "区块"分类

2. 应用类样式

类样式可应用于网页中的任何标记符,但必须对要设置格式的对象执行"套用"操作,否则不会出现所设置的效果。

执行下列操作之一,可实现类样式的应用。

- 在页面上选中要应用样式的对象,如段落、列表等,然后在其属性面板的"样式"下拉列表中选择类名 mycss 即可,如图 7-7 所示。

- 在页面上选中要应用样式的对象,然后在"CSS 样式"面板中选择类名 mycss,右击鼠标,从快捷菜单中选择"套用",如图 7-8 所示。

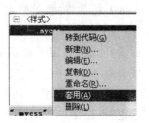

图 7-7 应用 CSS 样式(1)　　　　　图 7-8 应用 CSS 样式(2)

- 在"文档"窗口中,右击选中对象,从快捷菜单中选择"CSS 样式",然后从子菜单中选择要应用的样式 mycss。
- 在"文档"窗口中,选中对象,选择菜单"文本"|"CSS 样式",然后从子菜单中选择要应用的样式 mycss。

例如,在文档窗口中选中一段文字,在 CSS 面板上选中. mycss 样式,右击弹出快捷菜单,选择"套用"菜单项,即可见到样式的效果,如图 7-9 所示。

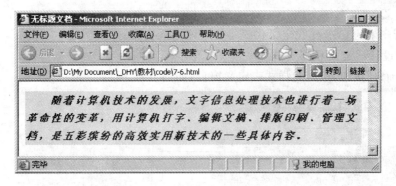

图 7-9 CSS 样式应用

3. 取消样式套用

若想取消对某一对象套用的样式,先选中要删除样式的对象,执行以下操作之一。

- 在"文本"属性面板中,从"样式"下拉菜单中选择"无"。
- 在"文档"窗口中,右击选中对象,从快捷菜单中选择"CSS 样式"|"无"。
- 在"文档"窗口中,选中对象,选择菜单"文本"|"CSS 样式"|"无"。

4. 删除 CSS 样式

若要删除已定义的 CSS 样式,在"CSS 样式"面板中选中要删除的样式如 mycss,右击鼠标选择"删除",如图 7-8 所示。

5. 编辑 CSS 样式

若要重新编辑已定义好的 CSS 样式,在"CSS 样式"面板中选中要编辑的样式如 mycss,右击鼠标选"编辑",如图 7-8 所示。

7.4.3 创建 HTML 标签样式

要创建 HTML 标签样式,就必须了解常用的 HTML 标签的含义,如<p>是段落,<li>是列表,<img>是图片,<table>是表格,<td>是单元格,<h1>～<h6>是标题 1 至 6 等。HTML 标签样式将重定义特定标签(如<li>)的样式,创建或更改标签(如<li>)的 CSS 样式。

(1) 打开"新建 CSS 规则"对话框。

(2) 在"标签"下拉菜单中选择一个 HTML 标签,如 li,如图 7-10 所示。

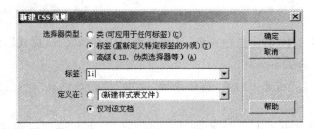

图 7-10　新建 CSS 样式

(3) 定义在"仅对该文档"。

表示所产生的 CSS 样式定义代码将位于该网页头部的<style></style>之间。

(4) 用设计器定义 CSS 样式。

单击"确定"按钮,进入此样式表定义窗口,如图 7-11 所示。

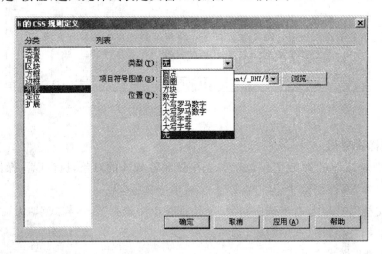

图 7-11　设置"列表"分类

选择"列表"类别,在右边选择所需的样式属性。单击"浏览"按钮,选择项目符号图像。选择分类中的"类型",按照图 7-12 设置字体及颜色等。

(5) 单击"确定"按钮,完成对项目列表的格式设置。

注意:与自定义类样式不同的是,HTML 标签样式一旦设置完毕,就会自动应用于页面所有用<li>标签定义的项目列表,不需要套用样式的操作。

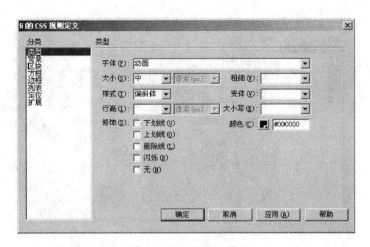

图 7-12　设置"类型"分类

应用列表样式的效果如图 7-13 所示。

7.4.4　创建高级选择器样式

高级选择器包括了 7.2 节所讲的三种选择器：嵌套组合 HTML
标记符、用户自定义 ID 和虚类。

图 7-13　列表样式

1. 嵌套组合 HTML 标记符

（1）打开"新建 CSS 规则"对话框。

（2）选择"高级"，在"选择器"中输入嵌套组合标记符 td h1，如图 7-14 所示。

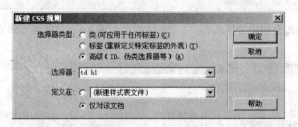

图 7-14　"新建 CSS 规则"对话框

（3）单击"确定"按钮，打开"CSS 规则定义"对话框，设置样式。如图 7-15 所示。

若将表格第一行的单元格设置为"标题 1"格式，则自动对相应的对象进行了格式设置，
不需要套用操作。效果如图 7-16 所示。

2. 用户自定义 ID

（1）打开"新建 CSS 规则"对话框。

（2）选择"高级"，在选择器中输入 #mystyle，mystyle 为用户自定义的 ID 名称，定义在
"仅对该文档"，如图 7-17 所示。

（3）单击"确定"按钮，打开"CSS 规则定义"对话框，设置样式。

选择"类型"分类，设置"修饰"为"无"。选择"边框"分类，设置"样式"为"凹陷"，"宽度"
为"粗"，"颜色"为"蓝色"，如图 7-18 所示。

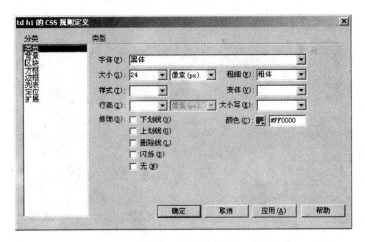

图 7-15 "类型"分类

图 7-16 嵌套的组合标记符样式

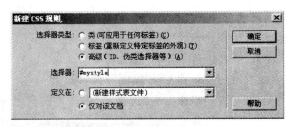

图 7-17 "新建 CSS 规则"对话框

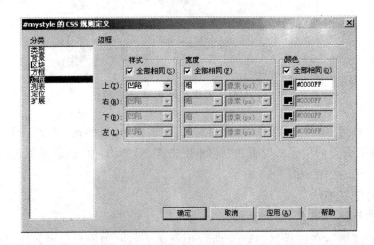

图 7-18 设置"边框"分类

（4）在页面中套用样式。

在页面中分别选中要套用样式的对象，如段落、超链接和图像，在"样式"面板上选中mystyle，右击"套用"，为这三个对象应用边框样式。切换到代码视图，此时在每个标记符中添加了一个属性：id＝"ID 名称"。例如为＜p＞、＜a＞和＜img＞添加 id＝"mystyle"，如图 7-19 所示。

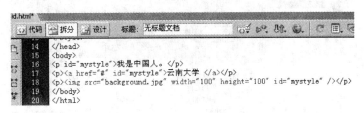

图 7-19　添加 ID 属性

应用样式后的效果如图 7-20 所示。

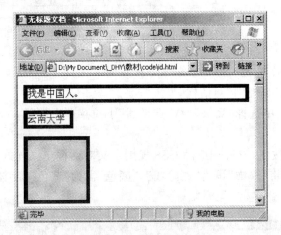

图 7-20　包含 ID 属性的标签样式

3. 伪类

1）设置 a：link 样式

（1）打开"新建 CSS 规则"对话框。

（2）"选择器类型"中选择"高级"，从"选择器"下拉菜单中选择 a：link，定义在"仅对该文档"，如图 7-21 所示。

图 7-21　"新建 CSS 规则"对话框

（3）单击"确定"按钮，打开相应的 CSS 规则定义对话框定义样式。

在"类型"分类中选择"修饰"为"无"，"颜色"为＃FF00FF，"大小"为"24 像素"，字体为"隶书"，如图 7-22 所示。

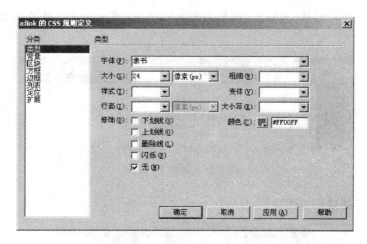

图 7-22　设置 a：link 样式

2）设置 a：visited 样式

（1）打开"新建 CSS 规则"对话框。

（2）"选择器类型"中选择"高级"，从"选择器"下拉菜单中选择 a：visited，定义在"仅对该文档"。

（3）单击"确定"按钮，打开相应的 CSS 规则定义对话框定义样式。

在"类型"分类中将"修饰"设为"删除线"，"颜色"设为"蓝色"，字体为"隶书"，大小为"24像素"，如图 7-23 所示。

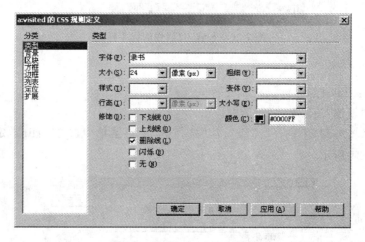

图 7-23　设置 a：visited 样式

3）设置 a：active 样式

（1）打开"新建 CSS 规则"对话框。

（2）"选择器类型"中选择"高级"，从"选择器"下拉菜单中选择 a：active，定义在"仅对该文档"。

（3）单击"确定"按钮，打开相应的 CSS 规则定义对话框定义样式。

在"类型"分类中将"修饰"设为"无"，"颜色"设为"黄色"，字体为"宋体"，大小为"32像素"。在"扩展"分类中将"光标"设为 wait,如图 7-24 所示。

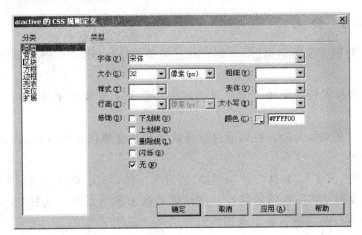

图 7-24　设置 a：active 样式

4）设置 a：hover 样式

（1）打开"新建 CSS 规则"对话框。

（2）"选择器类型"中选择"高级",从"选择器"下拉菜单中选择 a：visited,定义在"仅对该文档"。

（3）单击"确定"按钮,打开相应的 CSS 规则定义对话框定义样式。

在"定位"分类中将"类型"设为"相对","定位"框中的"下"设为"8 像素",这样当鼠标停留在超链接文本上时,超链接文本将上移 8 个像素,如图 7-25 所示。

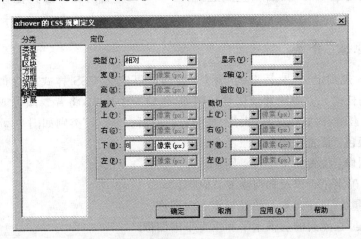

图 7-25　设置 a：hover 样式

7.5　用设计器定义 CSS 样式

默认情况下,Dreamweaver 使用层叠样式表（CSS）设置文本格式。使用"属性"面板或菜单命令应用于文本的样式将创建 CSS 规则,这些规则嵌入在当前文档的头部。CSS 样式使用户可以更加灵活并更好地控制页面外观——从精确的布局定位到特定的字体和文本样式。

7.5.1 "类型"分类

使用 CSS 规则定义对话框(图 7-24)中的"类型"类别可定义 CSS 样式的基本字体和类型设置。

- **字体**：为样式设置字体。浏览器使用用户系统上安装的字体系列中的第一种字体显示文本。
- **大小**：定义文本大小。可以通过选择数字和量度单位选择特定的大小，也可以选择相对大小。
- **样式**：将"正常"、"斜体"或"偏斜体"指定为字体样式。默认设置是"正常"。
- **行高**：设置文本所在行的高度。该设置传统上称为前导。选择"正常"自动计算字体大小的行高或输入一个确切的值并选择一种量度单位。
- **修饰**：向文本中添加下划线、上划线或删除线，或使文本闪烁。常规文本的默认设置是"无"。链接的默认设置是"下划线"。将链接设置设为无时，可以通过定义一个特殊的类删除链接中的下划线。
- **粗细**：对字体应用特定或相对的粗体量。"正常"等于 400；"粗体"等于 700。
- **变量**：设置文本的小型大写字母变量。Dreamweaver 不在"文档"窗口中显示该属性。Internet Explorer 支持变体属性，但 Navigator 不支持。
- **大小写**：将所选内容中的每个单词的首字母大写或将文本设置为全部大写或小写。
- **颜色**：设置文本颜色。

设置完这些选项后，在面板左侧选择另一个 CSS 类别以设置其他样式属性或单击"确定"按钮。

7.5.2 "背景"分类

使用"CSS 规则定义"对话框的"背景"类别可以定义 CSS 样式的背景设置。可以对 Web 页面中的任何元素应用背景属性。例如，创建一个样式，将背景颜色或背景图像添加到任何页面元素中，比如在文本、表格、页面等的后面。"背景"类别如图 7-26 所示。

- **背景颜色**：设置元素的背景颜色。
- **背景图像**：设置元素的背景图像。
- **重复**：确定是否以及如何重复背景图像。
  - "不重复"只在元素开始处显示一次图像。
  - "重复"在元素的后面水平和垂直平铺图像。
  - "横向重复"和"纵向重复"分别显示图像的水平带区和垂直带区。图像被剪辑以适合元素的边界。
- **附件**：确定背景图像是固定在它的原始位置还是随内容一起滚动。注意，某些浏览器可能将"固定"选项视为"滚动"。
- **水平位置和垂直位置**：指定背景图像相对于元素的初始位置。这可以用于将背景图像与页面中心垂直和水平对齐。如果附件属性为"固定"，则位置相对于"文档"窗口而不是元素。

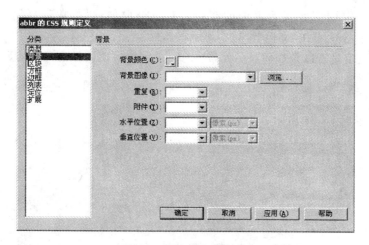

图 7-26 设置"背景"分类

7.5.3 "区块"分类

使用 CSS 规则定义对话框的"区块"类别可以定义标签和属性的间距和对齐设置。"区块"分类如图 7-27 所示。

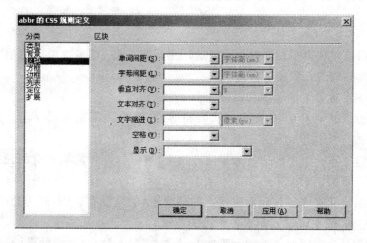

图 7-27 设置"区块"分类

- **单词间距**：设置单词的间距。若要设置特定的值，请在弹出式菜单中选择"值"，然后输入一个数值。在第二个弹出式菜单中，选择量度单位（例如像素、点等）。Dreamweaver 不在"文档"窗口中显示该属性。
- **字母间距**：增加或减小字母或字符的间距。若要减小字符间距，请指定一个负值（例如-4）。字母间距设置覆盖对齐的文本设置。
- **垂直对齐方式**：指定应用它的元素的垂直对齐方式。仅当应用于＜img＞标签时，Dreamweaver 才在"文档"窗口中显示该属性。
- **文本对齐**：设置元素中的文本对齐方式。
- **文本缩进**：指定第一行文本缩进的程度。

- **空白**：确定如何处理元素中的空白。有三个取值："正常"、"保留"、"不换行"，Dreamweaver 不在"文档"窗口中显示该属性。
- **显示**：指定是否以及如何显示元素。"无"关闭应用此属性的元素的显示。

7.5.4 "方框"分类

"方框"类别如图 7-28 所示。

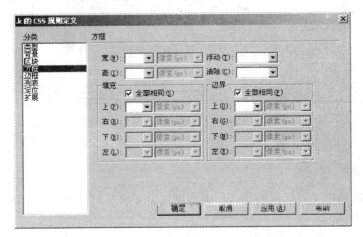

图 7-28 设置"方框"分类

可以在应用填充和边距设置时将设置应用于元素的各个边，也可以使用"全部相同"设置将相同的设置应用于元素的所有边。

- **宽和高**：设置元素的宽度和高度。
- **浮动**：设置其他元素（如文本、层、表格等）在哪个边围绕元素浮动。其他元素按通常的方式环绕在浮动元素的周围。
- **清除**：定义不允许层的边。如果清除边上出现层，则带清除设置的元素移到该层的下方。
- **填充**：指定元素内容与元素边框之间的间距（如果没有边框，则为边距）。取消选择"全部相同"选项可设置元素各个边的填充。
- **全部相同**：为应用此属性的元素的"上"、"右"、"下"和"左"侧设置相同的填充属性。
- **边界**：指定一个元素的边框与另一个元素之间的间距（如果没有边框，则为填充）。仅当应用于块级元素（段落、标题、列表等）时，Dreamweaver 才在"文档"窗口中显示该属性。取消选择"全部相同"可设置元素各个边的边距。
- **全部相同**：为应用此属性的元素的"上"、"右"、"下"和"左"侧设置相同的边距属性。

7.5.5 "边框"分类

使用 CSS 规则定义对话框的"边框"类别可以定义元素周围的边框的设置（如宽度、颜色和样式）。"边框"类别如图 7-29 所示。

- **样式**：设置边框的样式外观。Dreamweaver 在"文档"窗口中将所有样式呈现为实线。取消选择"全部相同"可设置元素各个边的边框样式。

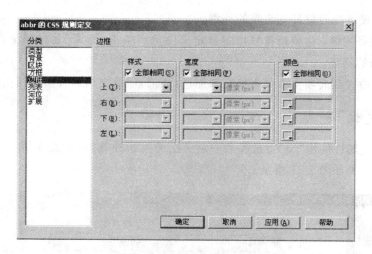

图 7-29 设置"边框"分类

- **全部相同**：为应用此属性的元素的"上"、"右"、"下"和"左"侧设置相同的边框样式属性。
- **宽度**：设置元素边框的粗细。两种浏览器都支持"宽度"属性。取消选择"全部相同"可设置元素各个边的边框宽度。
- **全部相同**：为应用此属性的元素的"上"、"右"、"下"和"左"侧设置相同的边框宽度。
- **颜色**：设置边框的颜色。可以分别设置每条边的颜色，但显示方式取决于浏览器。取消选择"全部相同"可设置元素各个边的边框颜色。
- **全部相同**：为应用此属性的元素的"上"、"右"、"下"和"左"侧设置相同的边框颜色。

7.5.6 "列表"分类

CSS 规则定义对话框的"列表"类别为列表标签定义列表设置（如项目符号大小和类型）。"列表"类别如图 7-30 所示。

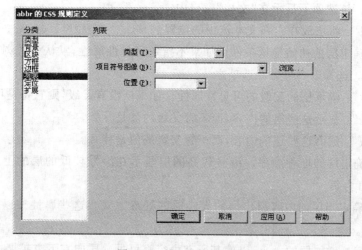

图 7-30 设置"列表"分类

- **类型**：设置项目符号或编号的外观。
- **项目符号图像**：为项目符号指定自定义图像。单击"浏览"通过浏览选择图像或输入图像的路径。
- **位置**：设置列表项文本是否换行和缩进（外部）以及文本是否换行到左边距（内部）。

7.5.7 "定位"分类

"定位"样式属性使用"层"首选参数中定义层的默认标签，将标签或所选文本块更改为新层。"定位"分类如图 7-31 所示。

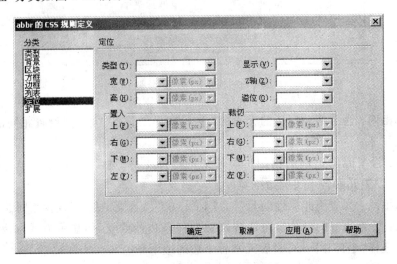

图 7-31 设置"定位"分类

- **类型**：确定浏览器应如何来定位层，如下所示。
  - "绝对"：使用"定位"框中输入的坐标相对于页面左上角来放置层。
  - "相对"：使用"定位"框中输入的坐标（相对于对象在文档的文本流中的位置）来放置层。该选项不显示在"文档"窗口中。
  - "静态"：将层放在它在文本流中的位置。
- **显示**：确定层的初始显示条件。如果不指定可见性属性，默认多数浏览器都继承父级的值。选择以下可见性选项之一。
  - "继承"：继承层的父级的可见性属性。如果层没有父级，则它将是可见的。
  - "可见"：显示这些层的内容，而不管父级的值是什么。
  - "隐藏"：隐藏这些层的内容，而不管父级的值是什么。
- **Z 轴**：确定层的堆叠顺序。编号较高的层显示在编号较低的层的上面。值可以为正，也可为负。
- **溢位**：确定当层的内容超出层的大小时的处理方式。这些属性按以下方式控制层的扩展。
  - "可见"：增加层的大小，以使其所有内容都可见。层向右下方扩展。
  - "隐藏"：保持层的大小并剪辑任何超出的内容。不提供任何滚动条。

○ "滚动"：在层中添加滚动条，不论内容是否超出层的大小。明确提供滚动条可避免滚动条在动态环境中出现和消失所引起的混乱。

○ "自动"：使滚动条仅在层的内容超出层的边界时才出现。

- **置入**：指定层的位置和大小。浏览器如何解释位置取决于"类型"设置。如果层的内容超出指定的大小，则大小值被覆盖。位置和大小的默认单位是像素。

- **剪切**：定义层的可见部分。

7.5.8 "扩展"分类

"扩展"样式属性包括滤镜、分页和指针选项，"扩展"分类如图 7-32 所示。

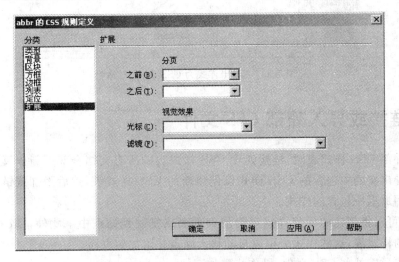

图 7-32 设置"扩展"分类

- **分页**：在打印期间在样式所控制的对象之前或者之后强行分页。在弹出式菜单中选择要设置的选项。

- **光标**：当指针位于样式所控制的对象上时改变指针图像。在弹出式菜单中选择要设置的选项。

- **滤镜**：对样式所控制的对象应用特殊效果（包括模糊和反转）。从弹出式菜单中选择一种效果。

7.6 导出样式表文件

可以从文档中导出样式以创建新的 CSS 样式表。然后，可链接到其他文档以应用这些样式。从文档中导出 CSS 样式并创建 CSS 样式表，操作如下。

（1）选择"文件"|"导出"|"CSS 样式"或选择"文本"|"CSS 样式"|"导出"，出现"导出样式为 CSS 文件"对话框，如图 7-33 所示。

（2）输入样式表的名称，然后单击"保存"按钮。样式随即保存为 CSS 样式表。

图 7-33 "导出样式为 CSS 文件"对话框

7.7 链接或导入外部 CSS 文件

编辑外部 CSS 样式表时,链接到该 CSS 样式表的所有文档全部更新以反映所做的编辑。可以导出文档中包含的 CSS 样式以创建新的 CSS 样式表,然后附加或链接到外部样式表以应用那里所包含的样式。

当然,可以将创建的任何样式表附加到页面或复制到站点中。此外,Dreamweaver 附带了预置的样式表,这些样式表可以自动移入站点并附加到页面。

链接或导入外部 CSS 文件,操作步骤如下。

(1) 在"CSS 样式"面板中,单击"附加样式表"按钮 ❷(该按钮位于面板的右下角)。

(2) 单击"浏览"选择外部样式表文件,完成对话框设置(图 7-34),然后单击"确定"按钮。

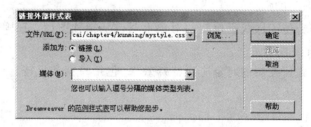

图 7-34 "链接外部样式表"对话框

7.8 CSS 样式应用实例

7.8.1 CSS 样式应用实例 1

【例 7-1】 CSS 实例 1。

创建 CSS 样式,效果如图 7-35 所示,制作步骤如下。

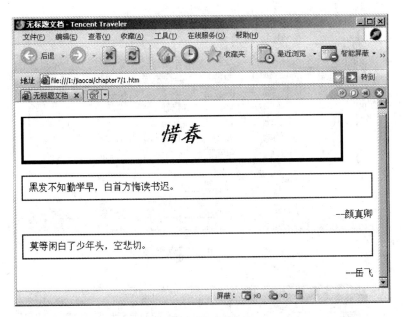

图 7-35　CSS 实例 1

1. 创建.title 类样式

（1）新建网页 1.htm，如图 7-35 所示输入所有文字，再单击"窗口"|"CSS 样式"，打开 CSS 面板，单击右下角的"新建 CSS 规则"按钮 。

（2）在打开的"新建 CSS 规则"对话框中，如图 7-36 所示，选择"类"，在名称框中输入 .title，定义在该文档。单击"确定"按钮。

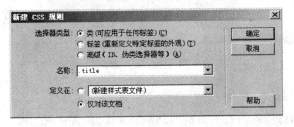

图 7-36　创建类样式

（3）在打开的 CSS 规则定义对话框中，在"类型"分类，将"字体"设置为"楷体_ GB2312"，"大小"设置为 36，"样式"设置为"斜体"，"修饰"设置为"无"。

（4）在"背景"分类，将背景图像设置为 background.jpg。

（5）在"区块"分类，将"文本对齐"设置为"居中"。

（6）在"方框"分类，如图 7-37 所示，将"填充"的"上"设为 10，"下"设为 20，将边界的 "上"设为 20，"右"设为 50（单位为像素）。

（7）在"边框"分类，"样式"组选中"全部相同"，宽度组中，将"上"设为"细"，将"右"和 "左"都设为"中"，"颜色"组选中"全部相同"复选框，将颜色设为"蓝色"或"＃0000FF"，如 图 7-38 所示。

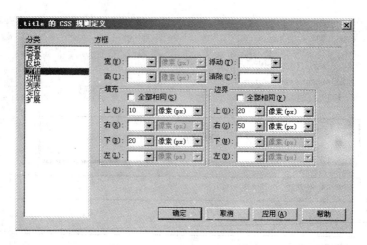

图 7-37　.title 的"方框"分类

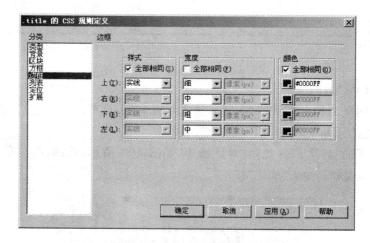

图 7-38　.title 的"边框"分类

2. 创建.author 样式

（1）打开 CSS 面板，单击右下角的"新建 CSS 规则"按钮 。

（2）在打开的"新建 CSS 规则"对话框中，选择"类"，在名称框中输入.author，定义在该文档。单击"确定"按钮。

（3）在打开的 CSS 规则定义对话框中，在"区块"分类，将"文本对齐"设置为"右对齐"，"文本缩进"设置为"0.75 厘米"，如图 7-39 所示。

3. 创建.content 样式

（1）打开 CSS 面板，单击右下角的"新建 CSS 规则"按钮 。

（2）在打开的"新建 CSS 规则"对话框中，选择"类"，在名称框中输入.content，定义在该文档。单击"确定"按钮。

（3）在打开的 CSS 规则定义对话框中，在"方框"分类，"填充"组选中"全部相同"，将"上"设置为"10 像素"，表示内容与周围边框的上、下、左、右的距离都为 10 像素，如图 7-40 所示。

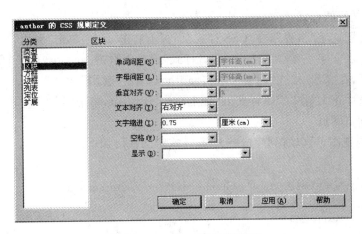

图 7-39　.author 的"区块"分类

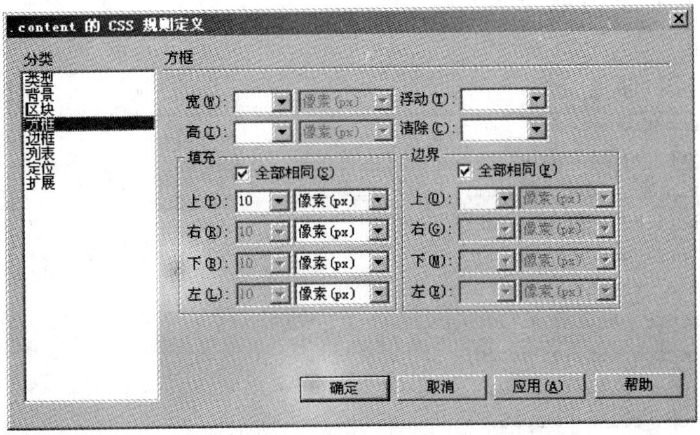

图 7-40　.content 方框分类(1)

(4) 在"边框"分类,样式组选中"全部相同",从"上"下拉列表中选择"实线",宽度组选中"全部相同",从"上"下拉列表中选择"细",颜色组选中"全部相同",将颜色设为"红色"或"#FF0000",如图 7-41 所示。

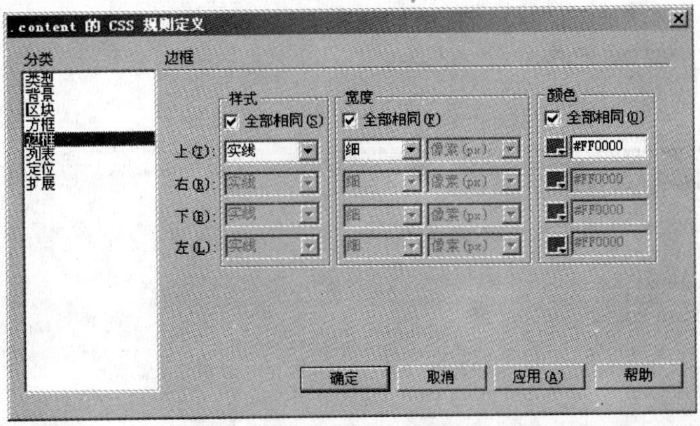

图 7-41　.content 边框分类(2)

4. 套用定义好的样式

（1）选中标题文字"惜春"，在"CSS 样式"面板上右击.title，单击"套用"。

（2）选中作者文字"--颜真卿"，在"CSS 样式"面板上右击.author，单击"套用"。选中作者文字"--岳飞"，在"CSS 样式"面板上右击.author，单击"套用"。

（3）分别选中正文，在"CSS 样式"面板上右击.content，单击"套用"。

5. 保存、预览网页

切换到代码视图，可以看到生成的 CSS 样式定义代码如下。

```
< head >
< meta http-equiv = "Content-Type" content = "text/html; charset = gb2312">
< title > 无标题文档< /title >
< style type = "text/css">
<! --
.title {
    font - family: "楷体_GB2312";
    font - size: 36px;
    font - style: italic;
    font - weight: bold;
    text - decoration: none;
    border - top - width: thin;
    border - right - width: medium;
    border - bottom - width: thick;
    border - left - width: medium;
    border - top - style: solid;
    border - right - style: solid;
    border - bottom - style: solid;
    border - left - style: solid;
    border - top - color: #0000FF;
    border - right - color: #0000FF;
    border - bottom - color: #0000FF;
    border - left - color: #0000FF;
    background - image: url(../chp6/background.jpg);
    text - align: center;
    margin - top: 20px;
    margin - right: 50px;
    padding - top: 10px;
    padding - bottom: 20px;
}
.author {
    text - align: right;
    text - indent: 0.75cm;
}
.content {
    padding: 10px;
    border: thin solid #FF0000;
}
-->
</style>
</head>
```

7.8.2 CSS 样式应用实例 2

【例 7-2】 CSS 实例 2。

创建 CSS 样式，实现首字下沉的效果，如图 7-42 所示。

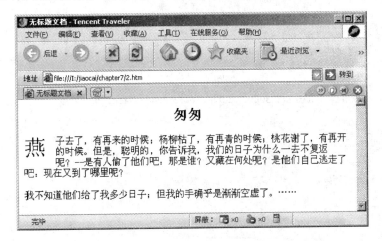

图 7-42 CSS 实例 2

1. 新建网页

新建网页 2.htm，输入标题和文字。

2. 创建 .yan 类样式

(1) 打开 CSS 面板，单击右下角的"新建 CSS 规则"按钮 。

(2) 在打开的"新建 CSS 规则"对话框中，选择"类"，在名称框中输入 .yan，定义在该文档。单击"确定"按钮。

(3) 在打开的 CSS 规则定义对话框中，在"类型"分类，将"大小"设为 36。

(4) 在"方框"分类，将"宽"设为"50 像素"，将"高"设置为"30 像素"，表示方框的宽为 50 像素，高为 30 像素。将"浮动"设为"左对齐"，表示该方框位于页面左边，如图 7-43 所示。

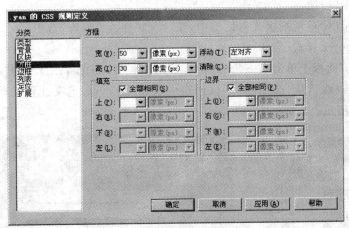

图 7-43 .yan 的方框分类

3. 为"燕"字套用类样式

选中"燕"字,在"CSS样式"面板上右击.yan,单击"套用"。

4. 保存、预览网页

切换到代码视图,可以看到生成的CSS样式定义代码如下。

```
< head >
< meta http - equiv = "Content - Type" content = "text/html; charset = gb2312" />
< title > 无标题文档< /title >
< style type = "text/css">
<! --
.style3 {float: left; height: 30px; width: 50px; font - size: 36px; }
.yan {
    float: left;
    height: 30px;
    width: 50px;
    font - size: 36px;
}
-- >
</style >
</head >
```

7.8.3 CSS 样式应用实例 3

【例 7-3】 CSS 实例 3。

为超链接设置样式,当鼠标移到链接上时,会出现上、下划线,鼠标移出时没有下划线,效果如图 7-44 所示。制作步骤如下。

1. 新建网页

新建网页 3.htm,输入两段文字。

2. 创建.mouse 类样式

(1) 打开 CSS 面板,单击右下角的"新建 CSS 规则"按钮 。

(2) 在打开的"新建 CSS 规则"对话框中,选择"类",在名称框中输入.mouse,定义在该文档。单击"确定"按钮。

(3) 在打开的 CSS 规则定义对话框中,在"类型"分类,"修饰"选中"无"。

3. 创建 a:hover 样式

(1) 在"CSS"面板上单击右下角的"新建 CSS 规则"按钮 ,在打开的"新建 CSS 规则"对话框中,选择"高级",从"选择器"下拉列表中选择 a:hover,定义在该文档。单击"确定"按钮,如图 7-45 所示。

图 7-44　超链接样式实例

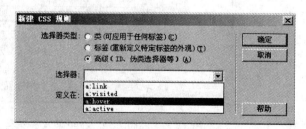

图 7-45　新建 a:hover 样式

（2）在打开的 CSS 规则定义对话框中，在"类型"分类，"修饰"选中"下划线"和"上划线"。

4. 创建 .list 类样式

（1）打开 CSS 面板，单击右下角的"新建 CSS 规则"按钮 ⊞ 。

（2）在打开的"新建 CSS 规则"对话框中，选择"类"，在名称框中输入 .list，定义在该文档。单击"确定"按钮。

（3）在打开的 CSS 规则定义对话框中，在"列表"分类，在"项目符号图像"后单击"浏览"按钮，选中 bullet.gif，如图 7-46 所示。

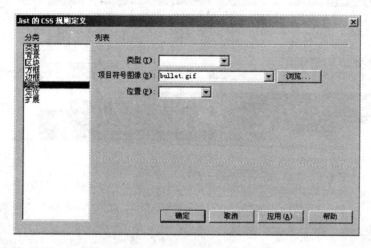

图 7-46 .list 列表分类

5. 套用样式

在页面中选中文字"云南大学"，在"CSS 样式"面板上右击 .mouse，单击"套用"。

在页面中选中文字"云南师范大学"，在"CSS 样式"面板上右击".mouse"，单击"套用"。a:hover 样式是标签样式，因此无须套用。

选中两段文字，单击属性面板上的"项目列表"按钮，将段落设置为项目列表，然后在"CSS 样式"面板上右击 .list，单击"套用"。

切换到代码视图，可以看到生成的 CSS 样式定义代码如下。

```
< head >
< meta http - equiv = "Content - Type" content = "text/html; charset = gb2312">
< title > 无标题文档< /title >
< style type = "text/css">
<! --
.mouse {     text - decoration: none;}
a:hover {     text - decoration: underline overline;}
.list {list - style - image: url(bullet.gif);}
-->
</style >
</head >
```

7.8.4　CSS 样式应用实例 4

【例 7-4】　CSS 实例 4。

利用 CSS+DIV 实现网页布局,文字"相见欢"有三个层叠加,产生阴影字效果,背景色有三个层叠加,作者是一个层,正文是一个层,共有 8 个层。布局效果如图 7-47 所示。制作步骤如下。

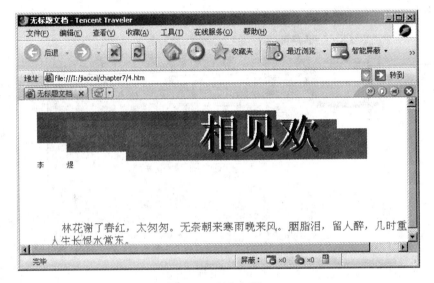

图 7-47　CSS 实例 4

1. 创建 .block1 类样式

(1) 新建网页 4.htm,单击"窗口"|"CSS 样式",打开 CSS 面板,单击右下角的"新建 CSS 规则"按钮 。

(2) 在打开的"新建 CSS 规则"对话框中,选择"类",在名称框中输入 .block1,定义在该文档。单击"确定"按钮。

(3) 在"背景"分类,将背景颜色设置为"#777744"。

(4) 在"定位"分类,如图 7-48 所示,将"类型"设为"绝对","显示"设为"可见","宽"设为"400 像素","高"设为"50 像素"。"Z 轴"设为 1,表示位于最下一层。"置入"分组的"上"设为"20 像素","左"设为"30 像素"。表示该层的左上角位于页面的坐标是左边 30 像素,上方 20 像素。

2. 创建 .block2 类样式

(1) 在 CSS 面板上,单击右下角的"新建 CSS 规则"按钮 。

(2) 在打开的"新建 CSS 规则"对话框中,选择"类",在名称框中输入 .block2,定义在该文档。单击"确定"按钮。

(3) 在"背景"分类,将背景颜色设置为"#7777aa"。

(4) 在"定位"分类,如图 7-49 所示,将"类型"设为"绝对","显示"设为"可见","宽"设为"450 像素","高"设为"50 像素"。"Z 轴"设为 2,表示位于倒数第 2 层。"置入"分组的

"上"设为"35 像素","左"设为"80 像素"。表示该层的左上角位于页面的坐标是左边 80 像素,上方 35 像素。

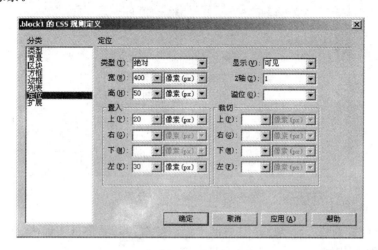

图 7-48　.block1 定位分类

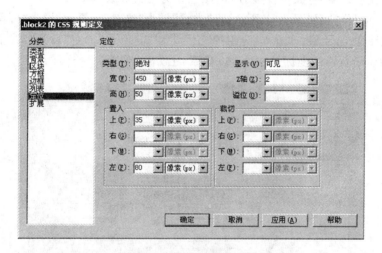

图 7-49　.block2 定位分类

3. 创建.block3 类样式

(1) 在 CSS 面板上,单击右下角的"新建 CSS 规则"按钮 。

(2) 在打开的"新建 CSS 规则"对话框中,选择"类",在名称框中输入.block3,定义在该文档。单击"确定"按钮。

(3) 在"背景"分类,将背景颜色设置为"#7777ff"。

(4) 在"定位"分类,如图 7-50 所示,将"类型"设为"绝对","显示"设为"可见","宽"设为"400 像素","高"设为"50 像素"。"Z 轴"设为 3,表示位于倒数第 3 层。"置入"分组的"上"设为"50 像素","左"设为"180 像素"。表示该层的左上角位于页面的坐标是左边 180 像素,上方 50 像素。

4. 创建.title1 类样式

(1) 在 CSS 面板上,单击右下角的"新建 CSS 规则"按钮 。

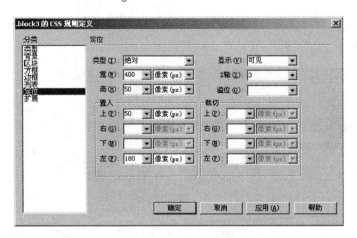

图 7-50 .block3 定位分类

（2）在打开的"新建 CSS 规则"对话框中，选择"类"，在名称框中输入.title1，定义在该文档。单击"确定"按钮。

（3）在"类型"分类，将大小设置为 66，颜色设为"白色"或"#FFFFFF"。

（4）在"定位"分类，如图 7-51 所示，将"类型"设为"绝对"，"显示"设为"可见"，"Z 轴"设为 4，表示位于倒数第 4 层。"置入"分组的"上"设为"20 像素"，"左"设为"300 像素"。表示该层的左上角位于页面的坐标是左边 300 像素，上方 20 像素。

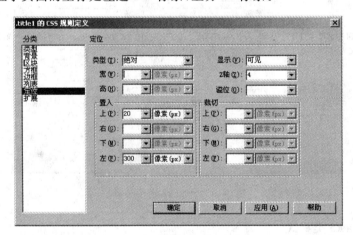

图 7-51 .title1 定位分类

5．创建.title2 类样式

（1）在 CSS 面板上，单击右下角的"新建 CSS 规则"按钮 。

（2）在打开的"新建 CSS 规则"对话框中，选择"类"，在名称框中输入.title2，定义在该文档。单击"确定"按钮。

（3）在"类型"分类，将"大小"设置为 66，颜色设为"黑色"或"#000000"。

（4）在"定位"分类，如图 7-52 所示，将"类型"设为"绝对"，"显示"设为"可见"，"Z 轴"设为 5，表示位于倒数第 5 层。"置入"分组的"上"设为"23 像素"，"左"设为"303 像素"。表示该层的左上角位于页面的坐标是左边 303 像素，上方 23 像素。

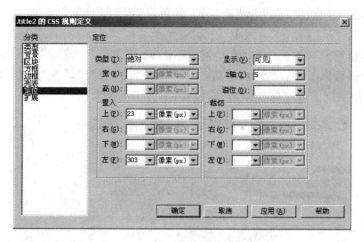

图 7-52　.title2 定位分类

6. 创建.title3 类样式

（1）在 CSS 面板上，单击右下角的"新建 CSS 规则"按钮 。

（2）在打开的"新建 CSS 规则"对话框中，选择"类"，在名称框中输入.title3，定义在该文档。单击"确定"按钮。

（3）在"类型"分类，将大小设置为 66，颜色设为"#444444"。

（4）在"定位"分类，如图 7-53 所示，将"类型"设为"绝对"，"显示"设为"可见"，"Z 轴"设为 6，表示位于倒数第 6 层。"置入"分组的"上"设为"26 像素"，"左"设为"306 像素"。表示该层的左上角位于页面的坐标是左边 306 像素，上方 26 像素。

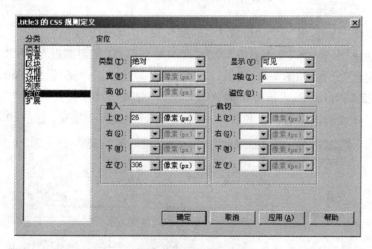

图 7-53　.title3 定位分类

7. 创建.author 类样式

（1）在 CSS 面板上，单击右下角的"新建 CSS 规则"按钮 。

（2）在打开的"新建 CSS 规则"对话框中，选择"类"，在名称框中输入.author，定义在该文档。单击"确定"按钮。

（3）在"类型"分类，将"大小"设置为 12，颜色设为"#FF0000"。

（4）在"区块"分类，将"字母间距"设为"1 厘米"。

（5）在"定位"分类，如图 7-54 所示，将"类型"设为"绝对"，"显示"设为"可见"，"Z 轴"设为 7，表示位于倒数第 7 层。"置入"分组的"上"设为"100 像素"，"左"设为"30 像素"。表示该层的左上角位于页面的坐标是左边 30 像素，上方 100 像素。

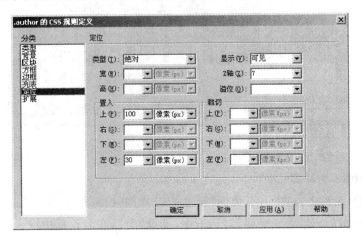

图 7-54　.author 定位分类

8. 创建 .content 类样式

（1）在 CSS 面板上，单击右下角的"新建 CSS 规则"按钮 。

（2）在打开的"新建 CSS 规则"对话框中，选择"类"，在名称框中输入 .content，定义在该文档。单击"确定"按钮。

（3）在"类型"分类，将"大小"设置为 18，颜色设为"#007FFF"。

（4）在"区块"分类，将"文本对齐"设为"两端对齐"，将"文字缩进"设为"20 像素"。

（5）在"定位"分类，如图 7-55 所示，将"类型"设为"绝对"，"宽"设为"650 像素"，"显示"设为"可见"，"Z 轴"设为 8，表示位于倒数第 8 层。"置入"分组的"上"设为"200 像素"，"左"设为"50 像素"。表示该层的左上角位于页面的坐标是左边 50 像素，上方 200 像素。

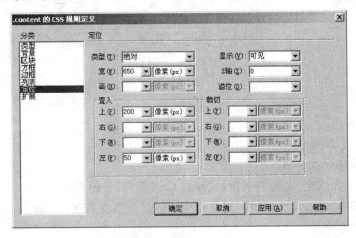

图 7-55　.content 定位分类

9. 套用样式

（1）在 4.htm 中输入一个空格，回车，形成一个空白段落，重复此操作，共输入三个空白段落，选中第一个空白段落，右击"CSS 样式"面板上的.block1，单击"套用"。

（2）选中第二个空白段落，右击"CSS 样式"面板上的.block2，单击"套用"。

（3）选中第三个空白段落，右击"CSS 样式"面板上的.block3，单击"套用"。

（4）输入文字"相见欢"，回车，选中文字，右击"CSS 样式"面板上的.title1，单击"套用"。

（5）输入文字"相见欢"，回车，选中文字，右击"CSS 样式"面板上的.title2，单击"套用"。

（6）输入文字"相见欢"，回车，选中文字，右击"CSS 样式"面板上的.title3，单击"套用"。

（7）输入作者"李煜"，选中文字，右击"CSS 样式"面板上的.author，单击"套用"。

（8）输入诗歌，选中文字，右击"CSS 样式"面板上的.content，单击"套用"。

10. 保存、预览网页

按 F12 键预览网页，如图 7-47 所示。切换到代码视图，生成的 CSS 样式代码如下。

```
< head >
< meta http - equiv = "Content - Type" content = "text/html; charset = gb2312">
<title> 无标题文档< /title>
< style type = "text/css">
<! --
.block1 {
    background - color: #777744;
    position: absolute;
    z - index: 1;
    top: 20px;
    width: 400px;
    left: 30px;
    height: 50px;
    visibility: visible;
}
.block2 {
    background - color: #7777aa;
    position: absolute;
    z - index: 2;
    width: 450px;
    left: 80px;
    top: 35px;
    height: 50px;
    visibility: visible;
}
.block3 {
    background - color: #7777ff;
    position: absolute;
    z - index: 3;
    width: 400px;
    left: 180px;
    top: 50px;
    height: 50px;
    visibility: visible;
```

```
    }
    .title1 {
        font - size: 66px;
        position: absolute;
        z - index: 4;
        left: 300px;
        top: 20px;
        color: #FFFFFF;
        visibility: visible;
    }
    .title2 {
        font - size: 66px;
        color: #000000;
        position: absolute;
        z - index: 5;
        left: 303px;
        top: 23px;
    }
    .title3 {
        font - size: 66px;
        color: #444444;
        position: absolute;
        left: 306px;
        top: 26px;
        z - index: 6;
        visibility: visible;
    }
    .author {
        font - size: 12px;
        color: #ff0000;
        position: absolute;
        left: 30px;
        top: 100px;
        z - index: 7;
        letter - spacing: 1cm;
    }
    .content {
        font - size: 18px;
        color: #007fff;
        position: absolute;
        z - index: 8;
        left: 50px;
        top: 200px;
        text - indent: 20px;
        text - align: justify;
        visibility: visible;
        width: 650px;
    } --> </style> </head>
```

习题 7

1. 新建两个诗词网页,创建外部样式表文件,在其中新建 .title、.author、.content 三个类样式,然后为每首诗词的标题、作者、正文分别套用 .title、.author、.content 样式。效果如图 7-56 所示。

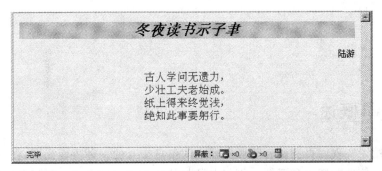

(a) CSS效果一

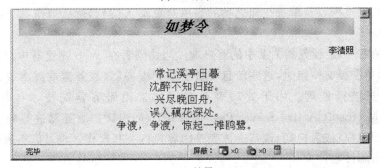

(b) CSS效果二

图 7-56 CSS 效果

2. 使用 Dreamweaver 定义 CSS 样式表,实现超链接未访问过、访问过、鼠标悬停和按下鼠标 4 种状态的不同样式。并导出成外部样式表,在同一网站的不同网页上链接该外部样式表。

3. 自己定义一个 CSS 外部样式表,链接此外部样式表文件,以统一一个网站中不同页面的背景图像、文字格式、超链接样式、图像边框、项目列表图片、首行缩进两个字符、文字行距等。

第 8 章

表单和动态网页

8.1 表单概述

表单是用于实现网页浏览者与服务器之间信息交互的一种页面元素,在 WWW 上它被广泛用于各种信息的搜集和反馈。例如电子邮件系统登录的表单。访问者可以使用诸如文本域、列表框、复选框以及单选按钮之类的表单对象输入信息,然后单击某个按钮提交这些信息。

表单支持客户端-服务器关系中的客户端。当访问者在 Web 浏览器中显示的表单中输入信息,然后单击提交按钮时,这些信息将被发送到服务器,服务器端脚本或应用程序在该处对这些信息进行处理。用于处理表单数据的常用服务器端技术包括 Macromedia ColdFusion、Microsoft Active Server Pages(ASP)和 PHP。服务器进行响应时会将被请求信息发送回用户(或客户端)或基于该表单内容执行一些操作。也可以将表单数据直接发送给某个电子邮件收件人。

表单执行过程如下。

(1) 访问者填写完表单并提交给 Web 服务器处理。

(2) ASP(或 PHP)对表单进行处理。

(3) 生成一个新的 HTML 文件并发送回访问者。

使用表单必须具备两个条件:一是建立含有表单元素的网页文档,二是具备服务器端的表单处理应用程序,它能够处理用户输入到表单的信息。

表单只是收集浏览者输入的信息,其数据的接收、传递、处理以及反馈工作是由 ASP(.NET)程序来完成的。

定义表单的格式:

< FORM method = "post/get" action = "do-submit.asp">…</FORM >

8.2 使用表单

8.2.1 插入表单

创建 HTML 表单,执行以下操作。

（1）打开一个页面，将插入点放在希望表单出现的位置。

（2）选择"插入"|"表单"，或选择"插入"栏上的"表单"类别，然后单击"表单"图标▣。

Dreamweaver 将插入一个空的表单。当页面处于"设计"视图中时，用红色的虚轮廓线指示表单。如果没有看到此轮廓线，检查是否选中了"查看"|"可视化助理"|"不可见元素"。

（3）指定用于处理表单数据的页面或脚本。

（4）指定将表单数据传输到服务器所使用的方法。

（5）插入表单对象。

将插入点放置在希望表单对象在表单中出现的位置，然后在"插入"|"表单"菜单中或者在"插入"栏的"表单"类别中选择对象。

根据需要，调整表单的布局。可以使用换行符、段落标记、预格式化的文本或表来设置表单的格式。不能将表单插入另一个表单中，即标签不能交迭，但是可以在一个页面中包含多个表单。

使用表格为表单对象和域标签提供结构。当在表单中使用表格时，确保所有的 table 标签都位于两个 form 标签之间。

8.2.2 表单属性

选中表单后可以设置表单属性，如图 8-1 所示。

图 8-1　表单属性面板

- **"表单名称"**文本框：输入标识该表单的唯一名称。

命名表单后，就可以使用脚本语言（如 JavaScript 或 VBScript）引用或控制该表单。如果不命名表单，则 Dreamweaver 使用语法 form 生成一个名称，并在向页面中添加每个表单时递增 n 的值。

- **"动作"**文本框：指定处理该表单的动态页或脚本的路径。在"动作"文本框中输入完整路径，或者单击文件夹图标浏览到适当的页面或脚本。

- **"方法"**弹出菜单：选择将表单数据传输到服务器的方法。

  ○ POST 方法将在 HTTP 请求中嵌入表单数据。

  ○ GET 方法将值附加到请求该页面的 URL 中（默认方法）。

POST 方法在浏览器的地址栏中不显示提交的信息，这种方式对传送的数据量的大小没有限制。

GET 方法将信息传递到浏览器的地址栏上，最大传输的数据量为 2KB。

如果要收集机密用户名和密码、信用卡号或其他机密信息，POST 方法看起来比 GET 方法更安全。但是，由 POST 方法发送的信息是未经加密的，容易被黑客获取。

- **"MIME 类型"弹出菜单**：指定对提交给服务器进行处理的数据使用 MIME 编码类型。如果要创建文件上传域，请指定 multipart/form-data MIME 类型。
- **"目标"弹出菜单**：指定一个窗口，在该窗口中显示被调用程序所返回的数据。

8.3　使用表单元素

可以先创建一个空的 HTML 表单（选择"插入"|"表单"|"表单"），然后在该表单中插入表单对象，如图 8-2 所示。

8.3.1　HTML 文本域

1. 插入 HTML 文本域

可以创建一个包含单行或多行的文本域（图 8-3）。也可以创建一个隐藏用户输入的文本的密码文本域。插入一个文本域，操作如下。

（1）将插入点放在表单轮廓内。

（2）选择"插入"|"表单"|"文本域"。

（3）在属性检查器中，根据需要设置文本域的属性。

（4）若要在页面中为文本域添加标签，在该文本域旁边单击，然后输入标签文字。

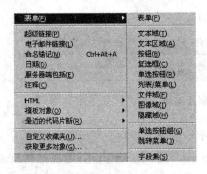

图 8-2　表单元素图

图 8-3　HTML 文本域

2. HTML 文本域属性

HTML 文本域属性如图 8-4 所示。

图 8-4　HTML 文本域属性

- **"文本域"文本框**：为该文本域指定一个名称。

每个文本域都必须有一个唯一名称。所选名称必须在该表单内唯一标识该文本域。表单对象名称不能包含空格或特殊字符。可以使用字母数字字符和下划线（_）的任意组合。注意，为文本域指定的标签是将存储该域的值（输入的数据）的变量名。这是发送给服务器进行处理的值。

- **字符宽度**：设置域中最多可显示的字符数。此数字可以小于"最多字符数"，"最多字符数"指定在域中最多可输入的字符数。例如，如果"字符宽度"设置为 20（默认值），而用户输入 100 个字符，则在该文本域中只能看到其中的 20 个字符。

注意：虽然无法在该域中看到这些字符，但域对象可以识别它们，而且它们会被发送到服务器进行处理。

- **最多字符数**：设置单行文本域中最多可输入的字符数。使用"最多字符数"将邮政编码限制为 5 位数，将密码限制为 10 个字符等。如果将"最多字符数"文本框保留为空白，则用户可以输入任意数量的文本。如果文本超过域的字符宽度，文本将滚动显示。如果用户输入超过最大字符数，则表单产生警告声。

- **行数**：（在选中了"多行"选项时可用）设置多行文本域的域高度。

- **换行**：（在选中了"多行"选项时可用）指定当用户输入的信息较多，无法在定义的文本区域内显示时，如何显示用户输入的内容。

- **类型**：指定域为单行、多行还是密码。

  ○ 选择"单行"将产生一个 type 属性设置为 text 的 input 标签。"字符宽度"设置映射为 size 属性，"最多字符数"设置映射为 maxlength 属性。

  ○ 选择"密码"将产生一个 type 属性设置为 password 的 input 标签。"字符宽度"和"最多字符数"设置映射为的属性与在单行文本域中的属性相同。当用户在密码文本域中键入时，输入内容显示为项目符号或星号，以保护它不被其他人看到。

  ○ 选择"多行"将产生一个 textarea 标签。"字符宽度"设置映射为 cols 属性，"行数"设置映射为 rows 属性。

- **初始值**：指定在首次载入表单时域中显示的值。例如，通过包含说明或示例值，可以指示用户在域中输入信息。

8.3.2　HTML 复选框

1. 插入 HTML 复选框

若可以从一组选项中选择多个选项，则可以使用 HTML 复选框，(图 8-5)。插入复选框操作如下。

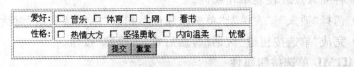

图 8-5　HTML 复选框

（1）将插入点放在表单轮廓内。

（2）选择"插入"|"表单"|"复选框"。

（3）在属性面板中，根据需要设置复选框的属性。

（4）若要为复选框添加标签，请在页面上该复选框的旁边单击，然后输入标签文字。

2. HTML 复选框属性

HTML 复选框属性如图 8-6 所示。

图 8-6　HTML 复选框属性

- "**复选框**"文本框：为该对象指定一个名称。

每个复选框都必须有一个唯一名称。所选名称必须在该表单内唯一标识该复选框。此名称不能包含空格或特殊字符。

- **选定值**：设置在该复选框被选中时发送给服务器的值。例如，在一项调查中，可以将值 4 设置为表示非常同意，值 1 设置为表示强烈反对。
- **初始状态**：确定在浏览器中载入表单时，该复选框是否被选中。
- **动态**：使服务器可以动态确定复选框的初始状态。例如，可以使用复选框直观显示存储在数据库记录中的 Yes/No 信息。在设计时，设计者并不知道该信息。在运行时，服务器将读取数据库记录，如果该值为 Yes，则选中该复选框。
- **类**：可以将 CSS 规则应用于对象。

8.3.3　HTML 单选按钮

1. 插入 HTML 单选按钮

若只能从一组选项中选择一个选项时，使用 HTML 单选按钮（图 8-7）。单选按钮通常成组地使用。在同一个组中的所有单选按钮必须具有相同的名称。

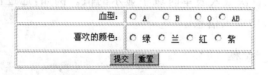

图 8-7　HTML 单选按钮

插入一组单选按钮，操作如下。

（1）将插入点放在表单轮廓内。

（2）选择"插入"|"表单"|"单选按钮组"，出现"单选按钮组"对话框。

（3）完成"单选按钮组"对话框，然后单击"确定"按钮。

2. HTML 单选按钮属性

HTML 单选按钮属性如图 8-8 所示。

图 8-8　HTML 单选按钮属性

- "单选按钮"文本框：为该对象指定一个名称。

对于单选按钮组，如果希望这些选项为互斥选项，必须共用同一名称。此名称不能包含空格或特殊字符。

- **选定值**：设置在该单选按钮被选中时发送给服务器的值。例如，可以在"选定值"文本框中输入滑雪，指示用户选择滑雪。
- **初始状态**：确定在浏览器中载入表单时，该单选按钮是否被选中。
- **动态**：使服务器可以动态确定单选按钮的初始状态。例如，可以使用单选按钮直观表示存储在数据库记录中的信息。在设计时，并不知道该信息。在运行时，服务器将读取数据库记录，如果该值与指定的值匹配，则选中该单选按钮。
- **类**：可以将 CSS 规则应用于对象。

8.3.4 HTML 列表/菜单

1. 插入 HTML 列表/菜单

通过列表/菜单，访问者可以从一个列表中选择一个或多个项目。当空间有限，但需要显示许多菜单项时，菜单非常有用。菜单与文本域不同，在文本域中用户可以随心所欲输入任何信息，甚至包括无效的数据，对于菜单而言，可以具体设置某个菜单返回的确切值。

可以在表单中插入两种类型的菜单：一种菜单是用户单击时下拉的菜单；另一种菜单则显示一个列有项目的可滚动列表，用户可从该列表中选择项目。后者称为列表菜单。列表如图 8-9 所示，学历的列表值如图 8-10 所示。

插入菜单，操作如下。

(1) 将插入点放在表单轮廓内。

(2) 选择"插入"|"表单"|"列表/菜单"。

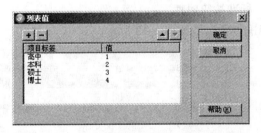

图 8-9 HTML 列表/菜单　　　　　　　图 8-10 列表值

(3) 在属性面板中，根据需要设置菜单的属性。

2. HTML 列表/菜单属性

HTML 列表/菜单属性如图 8-11 所示。

图 8-11 HTML 列表/菜单属性

- **列表/菜单**：为该菜单指定一个名称。该名称必须是唯一的。
- **类型**：指定该菜单是单击时下拉的菜单（"菜单"选项），还是显示一个列有项目的可滚动列表（"列表"选项）。如果希望表单在浏览器中显示时仅有一个选项可见，则选择"菜单"选项。若要显示其他选项，用户必须单击向下箭头。如果希望表单在浏览器中显示时列出部分或全部选项，或者打算允许用户选择多个菜单项，则选择"列表"选项。
- **高度**：（仅"列表"类型）设置菜单中显示的项数。
- **选定范围**：（仅"列表"类型）指定用户是否可以从列表中选择多个项。
- **列表值**：打开一个对话框，可以在该对话框中向菜单中添加菜单项。
- **动态**：使服务器可以在该菜单第一次显示时动态选择其中的一个菜单项。
- **类**：可以将 CSS 规则应用于对象。
- **初始选定**：设置列表中默认选择的菜单项。单击列表中的一个或多个菜单项。

8.3.5　标准按钮

1. 插入标准按钮

按钮控制表单的操作。使用按钮可将表单数据提交到服务器或者重置该表单。标准表单按钮通常带有"提交"、"重置"或"发送"标签（图 8-12）。还可以分配其他已经在脚本中定义的处理任务。

创建一个按钮，操作如下。

（1）将插入点放在表单轮廓内。

（2）选择"插入"|"表单"|"按钮"。

（3）在属性检查器中，根据需要设置该按钮的属性。

图 8-12　标准按钮

2. 标准按钮属性

标准按钮属性如图 8-13 所示。

图 8-13　标准按钮属性

- **按钮名称**：为该按钮指定一个名称。"提交"和"重置"是两个保留名称，"提交"通知表单将表单数据提交给处理应用程序或脚本，"重置"将所有表单域重置为其原始值。
- **标签文字**：确定按钮上显示的文本。
- **操作**：确定单击该按钮时发生的操作。
  - 如果选中了"提交表单"选项，当单击该按钮时将提交表单数据进行处理，该数据将被提交到表单的"操作"属性中指定的页面或脚本。
  - 如果选中了"重置表单"选项，当单击该按钮时将清除该表单的内容。
  - 选择"无"选项指定单击该按钮时要执行的操作。例如，可以添加一个 JavaScript 脚本，使得当用户单击该按钮时打开另一个页面。
- **类**：可以将 CSS 规则应用于对象。

8.3.6　图像按钮

1. 插入图像按钮

可以使用图像作为按钮图标。如果使用图像来执行任务而不是提交数据，则需要将某种行为附加到表单对象，如图 8-14 所示。

创建一个图像按钮，操作如下。

（1）在文档中，将插入点放在表单轮廓内。

（2）选择"插入"|"表单"|"图像域"，出现"选择图像源文件"对话框。

图 8-14　图像按钮

（3）在"选择图像源文件"对话框中为该按钮选择图像，然后单击"确定"按钮。

（4）在属性检查器中，根据需要设置图像域的属性。

2. 图像按钮属性

图像按钮属性如图 8-15 所示。

图 8-15　图像按钮属性

- **图像区域**：为该按钮指定一个名称。"提交"和"重置"是两个保留名称，"提交"通知表单将表单数据提交给处理应用程序或脚本，"重置"将所有表单域重置为其原始值。
- **源文件**：指定要为该按钮使用的图像。
- **替代**：用于输入描述性文本，一旦图像在浏览器中载入失败，将显示这些文本。
- **对齐**：设置对象的对齐属性。
- **编辑图像**：启动默认的图像编辑器并打开该图像文件进行编辑。

8.3.7　隐藏域

1. 插入隐藏域

使用隐藏域存储并提交非用户输入信息。该信息对用户而言是隐藏的，如图 8-16 所示。

创建隐藏域，操作如下。

（1）在"设计"视图中，将插入点放在表单轮廓内。

（2）选择"插入"|"表单"|"隐藏域"。随即在文档中出现一个标记。如果未看到标记，请选择"查看"|"可视化助理"|"不可见元素"来查看标记。

2. 隐藏域属性

隐藏域属性如图 8-17 所示。

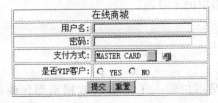

图 8-16　隐藏域　　　　　　　　　　　图 8-17　隐藏域属性

- **"隐藏域"**文本框：为该域输入一个唯一名称。
- **"值"**文本框：输入要为该域指定的值。

8.3.8 文件上传域

1. 插入文件上传域

可以创建文件上传域，文件上传域使用户可以选择其计算机上的文件，如字处理文档或图形文件，并将该文件上传到服务器。文件域的外观与其他文本域类似，只是文件域还包含一个"浏览"按钮。用户可以手动输入要上传的文件的路径，也可以使用"浏览"按钮定位并选择该文件。

需要具有服务器端脚本或能够处理文件提交的页面，才可以使用文件上传域。

文件域要求使用 POST 方法将文件从浏览器传输到服务器。该文件被发送到表单的"动作"文本框中所指定的地址。在使用文件域之前，要先确认服务器允许使用匿名文件上传。文件上传域如图 8-18 所示。

在表单中创建文件域，操作如下。

(1) 在页面中插入表单（"插入"|"表单"）。

(2) 选择表单以显示其属性面板。

(3) 将表单"方法"设置为 POST。

(4) 从"MIME 类型"弹出式菜单中，选择 multipart/form-data。

(5) 在"动作"文本框中，指定服务器端脚本或能够处理上传文件的页面。

(6) 将插入点放置在表单轮廓内，然后选择"插入"|"表单"|"文件域"。表单中将插入一个文件域。

(7) 在属性面板中，根据需要设置文件域的属性。

2. 文件上传域属性

文件上传域属性如图 8-19 所示。

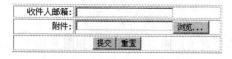

图 8-18　文件上传域

图 8-19　文件上传域属性

- **文件域名称**：指定该文件域对象的名称。
- **字符宽度**：指定希望该域最多可显示的字符数。
- **最多字符数**：指定域中最多可容纳的字符数。如果用户通过浏览来定位文件，则文件名和路径可超过指定的"最多字符数"的值。但是，如果用户尝试输入文件名和路径，则文件域仅允许输入"最多字符数"值所指定的字符数。

8.4　检查表单

"检查表单"动作检查指定文本域的内容以确保用户输入了正确的数据类型。使用onBlur 事件将此动作分别附加到各文本域，在用户填写表单时对域进行检查；或使用

onSubmit 事件将其附加到表单,在用户单击"提交"按钮时同时对多个文本域进行检查。将此动作附加到表单防止表单提交到服务器后任何指定的文本域包含无效的数据。

使用"检查表单"动作,操作如下。

(1) 选择"插入"|"表单"|"表单",或单击"插入"栏中的"表单"按钮插入一个表单。

(2) 选择"插入"|"表单对象"|"文本域"或单击"插入"栏中的"文本域"按钮来插入文本域。重复此步骤以插入其他文本域。

(3) 执行下列操作之一:

- 若要在用户填写表单时分别检查各个域,请选择一个文本域并选择"窗口"|"行为"。
- 若要在用户提交表单时检查多个域,请在"文档"窗口左下角的标签选择器中单击<form> 标签并选择"窗口"|"行为"。

(4) 从"动作"弹出菜单中选择"检查表单",弹出"检查表单"对话框(图 8-20)。

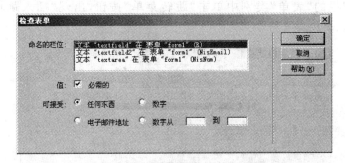

图 8-20 "检查表单"对话框

(5) 执行下列操作之一。

- 如果要检查单个域,则从"命名的栏位"列表中选择已在"文档"窗口中选择的同一个域。
- 如果要检查多个域,则从"命名的栏位"列表中选择某个文本域。

(6) 如果该域必须包含某种数据,则选择"必需"选项。

(7) 从以下"可接受"选项中选择一个选项:

如果该域是必需的但不需要包含任何特定类型的数据,则**使用"任何数据"**(如果没有选择"必需"选项,则"任何数据"选项就没有意义了,也就是说它与该域上未附加"检查表单"动作一样)。

- 使用**"电子邮件地址"**检查该域是否包含一个 @ 符号。
- 使用**"数字"**检查该域是否只包含数字。
- 使用**"数字从"**检查该域是否包含特定范围内的数字。

(8) 如果要检查多个域,对要检查的任何其他域重复第(6)步和第(7)步。

(9) 单击"确定"按钮。

如果在用户提交表单时检查多个域,则 onSubmit 事件自动出现在"事件"弹出菜单中。

(10) 如果要分别检查各个域,则检查默认事件是否是 onBlur 或 onChange。

如果不是,请从弹出式菜单中选择 onBlur 或 onChange。当用户从域移开时,这两个事件都触发"检查表单"动作。它们之间的区别是 onBlur 不管用户是否在该域中输入内容都会发生,而 onChange 只有在用户更改了该域的内容时才发生。当指定了该域是必需的域时,最好使用 onBlur 事件。

8.5　创建跳转菜单

跳转菜单可建立 URL 与弹出菜单列表中的选项之间的关联。通过从列表中选择一项,用户将被重定向(或"跳转")到指定的 URL。

1. 插入跳转菜单

插入跳转菜单,操作如下。

(1) 打开一个文档,然后将插入点放在"文档"窗口中。

(2) 执行下列操作之一。

- 选择"插入"|"表单"|"跳转菜单"。
- 在"插入"栏的"表单"类别中单击"跳转菜单"按钮,出现"插入跳转菜单"对话框(图 8-21)。

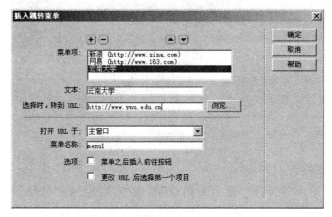

图 8-21　"插入跳转菜单"对话框

(3) 完成对话框。

(4) 单击"确定"按钮,在文档中出现跳转菜单。

2. 编辑跳转菜单

编辑跳转菜单项,可更改列表顺序或项所链接到的文件,也可添加、删除或重命名项。若要更改链接文件的打开位置,或者添加或更改菜单选择提示,则必须使用"行为"面板。

选中跳转菜单,单击属性面板上的"列表值"按钮,打开"列表值"对话框(图 8-22),根据需要对菜单项进行更改,然后单击"确定"按钮。

图 8-22　"列表值"对话框

8.6 动态表单对象

作为一种表单对象,动态表单对象的初始状态由服务器在页面被从服务器中请求时确定,而不是由表单设计者在设计时确定。例如,当用户请求的 ASP 页上包含带有菜单的表单时,该页中的 ASP 脚本会自动使用存储在数据库中的值填充该菜单。然后,服务器将完成后的页面发送到该用户的浏览器中。

使表单对象成为动态对象可以简化站点的维护工作。例如,许多站点使用菜单为用户提供一组选项。如果该菜单是动态的,可以在某一位置(即存储菜单项的数据库表)集中添加、删除或更改菜单项,从而更新该站点上同一菜单的所有实例。

除菜单之外,还可以创建和使用其他类型的动态表单对象,如动态单选按钮、复选框、文本域和图像域。

HTML 动态菜单实例步骤如下。

(1) 使用 Access 数据库建立好数据库(图 8-23),作为数据源,表单中显示的结果就来自这个数据库里的记录。

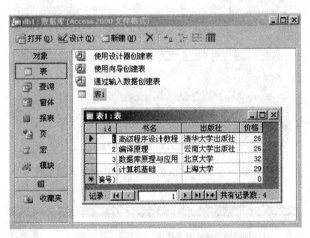

图 8-23　Access 数据库表

(2) 打开"控制面板",双击"管理工具"下的"数据源 ODBC"选项,打开"ODBC 数据源管理器",选择"系统 DSN"页面,如图 8-24 所示,单击"添加"按钮,在列表中选择 Driver Do Microsoft Access(∗.mdb),单击"完成"按钮。打开"ODBC Microsoft Access 安装"对话框,如图 8-25 所示。在"数据源名"中输入数据源名,如 data for test,单击"选择"按钮,选中所建立的.mdb 文件后单击"确定"按钮关闭该对话框,再次单击"确定"按钮关闭"ODBC 数据源管理器"。

(3) 打开"控制面板",双击"添加或删除程序",打开"添加或删除程序"窗口,单击"添加/删除 Windows 组件",打开"Windows 组件向导"(图 8-26)。选中"Internet 信息服务(IIS)"复选框。单击"下一步"按钮,按提示放入系统盘,安装 IIS 组件。

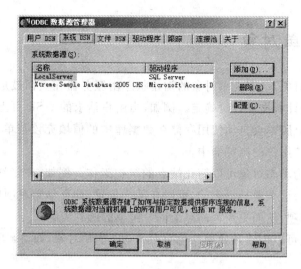

图 8-24　ODBC 数据源管理器

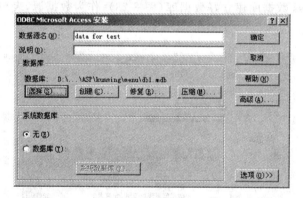

图 8-25　ODBC Microsoft Access 安装

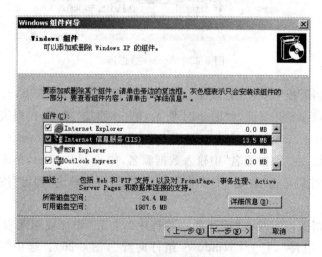

图 8-26　Windows 组件向导

（4）打开"控制面板"，双击"Internet 信息服务"，打开"Internet 信息服务"窗口（图 8-27），右击"默认网站"，选中"新建"|"虚拟目录"，在"虚拟目录创建向导"页面中选择"下一步"按钮，在"别名"输入框中输入虚拟目录名，如 dynamic，单击"下一步"按钮，单击"浏览"按钮，选择网页所放置的根文件夹，如图 8-28 所示。单击"下一步"按钮，最后单击"完成"按钮。

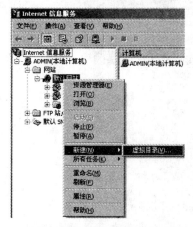

图 8-27 Internet 信息服务　　　　　　　图 8-28 虚拟目录创建向导

（5）启动 Dreamweaver，选择 km 作为当前站点，在站点根文件夹下新建立子文件夹 menu，用于存放新建的数据库文件 db1.mdb 和动态网页 activemenu.asp。双击打开 activemenu.asp，选择"插入"|"表单"|"列表/菜单"插入一个菜单（选中插入的菜单，在"属性"面板中单击"列表值"按钮，则只可以添加静态的表单数据）。选择"窗口"菜单下的"绑定"或按下 Ctrl＋F10 弹出"绑定"面板，在"绑定"面板中注意到此时"添加记录集"的按钮＋是灰的，暂时不可用，如图 8-29 所示。

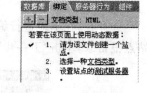

图 8-29 "应用程序"面板

按照提示的顺序，先单击"站点"链接，在"站点定义"页面（图 8-30）中输入站点名称，如 km。在"您的站点的 HTTP 地址（URL）是什么?"文本框中输入 http://localhost/dynamic。

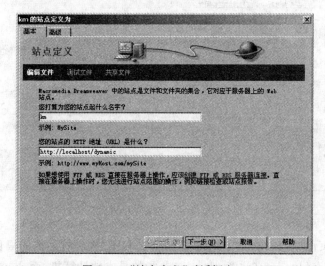

图 8-30 "站点定义"对话框之一

dynamic 是创建的虚拟目录的名称。

单击"下一步"按钮,在此页面(图 8-31)中选择"是,我想使用服务器技术"并在服务器技术下拉列表中选择 ASP JavaScript,单击"下一步"按钮。

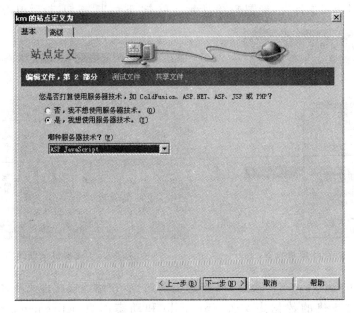

图 8-31 "站点定义"对话框之二

选择在"在本地进行编辑和测试"单选项,并在页面(图 8-32)下方的文本框中输入当前站点根目录,单击"下一步"按钮。

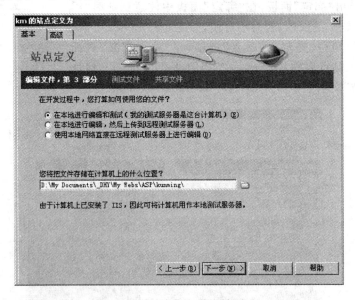

图 8-32 "站点定义"对话框之三

进入下一个页面(图 8-33):"你应该使用什么 URL 来浏览站点的根目录?"文本框中输入 http://localhost/dynamic(注意:localhost 指的是本地计算机,而 dynamic 是在 Internet

信息服务器中建立的虚拟目录的名字）。为了确保正确,可以打开 IE,在地址栏中输入 http://localhost/dynamic,如果可以正确访问此网页内容就表明当前网站的设置是正确的了。单击"测试 URL"按钮会弹出"URL 前缀测试已成功"对话框,单击"确定"按钮,单击"下一步"按钮。

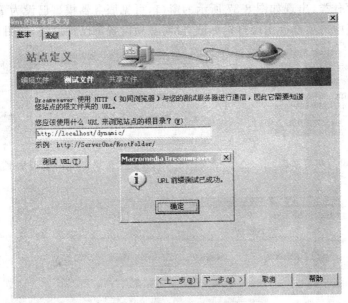

图 8-33 "站点定义"对话框之四

单击"否"按钮,不使用远程服务器,单击"下一步"按钮,如图 8-34 所示。

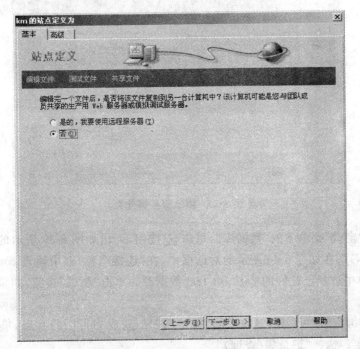

图 8-34 "站点定义"对话框之五

最后单击"完成"按钮。此时在右边的"绑定"面板上可以看到"请为该文件创建一个站点"这一选项左边已经打钩，表示已通过，如图8-35所示。

（6）在"绑定"面板上选择第二项"文档类型"，在"选择文档类型"列表框中选择ASP JavaScript，单击"确定"按钮，如图8-36所示。在"站点定义"对话框的"高级"选项卡中，单击"测试服务器"分类，出现如图8-37所示的窗口，可见服务器模型已设为ASP JavaScript。现在"绑定"面板中三项都会出现打钩标记，说明三项设置都已经通过，如图8-38所示。

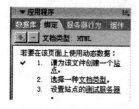 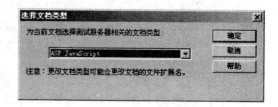

图8-35　绑定面板　　　　　　　图8-36　"选择文档类型"对话框

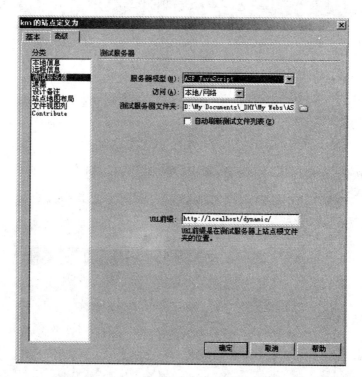

图8-37　测试服务器分类

（7）选择"窗口"菜单下的"数据库"，单击⊞按钮，弹出如图8-39所示的菜单，选择"数据源名称（DSN）"，在如图8-40所示的对话框中，在"连接名称"框中输入conn1，从"数据源名称"下拉菜单中选择已建好的data for test数据源。单击"测试"按钮，如果成功说明与数据库正确连接。

（8）此时"绑定"面板（图8-41）中的"添加"按钮⊞成为可用的状态，单击"添加"按钮⊞，添加记录集。选择"记录集（查询）"。

图 8-38 绑定面板图

图 8-39 连接数据库

图 8-40 数据源名称(DSN)

图 8-41 绑定记录集

出现"记录集"对话框(图 8-42),"名称"框使用默认的 Recordset1,从"连接"下拉框中选择 conn1,"表格"下拉框中选择"表 1",最后单击"记录集"对话框中的"确定"按钮,此时,在"绑定"面板中将出现"记录集 recordset1",如图 8-43 所示。

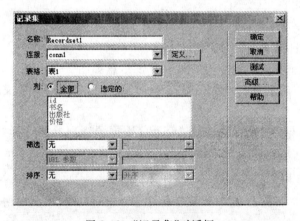

图 8-42 "记录集"对话框

图 8-43 记录集

(9) 在文档窗口中,插入并选中"列表/菜单",在"属性"面板中将出现 动态... 按钮,表明此列表菜单已经可以使用动态的数据源了,如图 8-44 所示。单击 动态... 按钮,出现"动态列表/菜单"对话框(图 8-45)。

图 8-44 列表/菜单属性面板

按照图 8-45 进行设置,再单击"确定"按钮。

单击文档工具栏上的"预览"按钮或按快捷键 F12 预览网页,效果如图 8-46 所示。

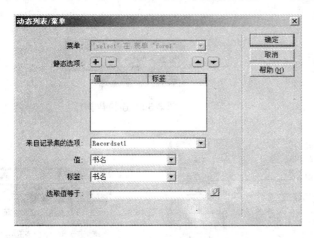

图 8-45　"动态列表/菜单"对话框　　　　　图 8-46　动态菜单效果

8.7　留言本制作实例

需要建立三个文件,分别为 index.asp,功能是显示留言信息,insert.asp 功能是提供用户填写表单信息,提交时使用"插入记录"服务器行为写入数据库表中各字段。db1.mdb 为数据库文件,其中表 ly 保存留言信息。

步骤如下。

(1) 建立站点 km,指向站点根目录 kunming。

(2) 建立数据库 kunming\liuyan\db1.mdb,建表 ly,字段信息如图 8-47 所示。选中"时间"字段,在"字段属性"中将时间的默认值设为函数 Now(),表示留言时间为提交时的系统时间,不需要用户在表单中输入。

(3) 打开"控制面板",双击"数据源 ODBC",打开"ODBC 数据源管理器",选择"系统DSN"标签,单击"添加"按钮,打开"创建新数据源"对话框,按照前述方法建立名为 km 的数据源,指向 kunming\liuyan\db1.mdb,如图 8-48 所示。

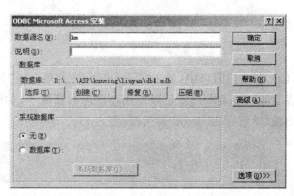

图 8-47　表 ly 结构　　　　　　　　图 8-48　数据源

（4）打开"控制面板"，双击"Internet 信息服务"，打开"Internet 信息服务"窗口（图 8-27），右击"默认网站"，单击"新建"|"虚拟目录"，新建一个名为 dynamic 的虚拟目录。

（5）在 Dreamweaver 8 中新建站点，在"高级"选项卡中选择分类中的"本地信息"，站点名称设为 km，本地根文件夹设为 kunming 文件夹，如图 8-49 所示。

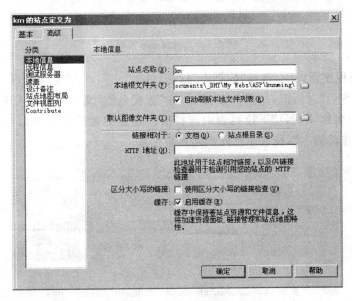

图 8-49　站点的本地信息

设置站点的测试服务器信息，"服务器模型"选择 ASP JavaScript，"访问"选择"本地/网络"，"URL 前缀"输入 http://localhost/dynamic，其中 dynamic 为虚拟目录的名称，如图 8-50 所示。

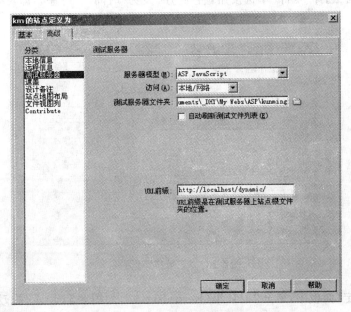

图 8-50　站点的测试服务器设置

（6）在 Dreamweaver 8 中，在 kunming\liuyan 文件夹下新建网页 index. asp，插入一个 4 行 5 列的表格，在第一行输入列标题。第 3、第 4 行合并所有单元格，如图 8-51 所示。

图 8-51　index. asp 页面

（7）在应用程序面板中，选择"数据库"标签，单击"＋"，单击"数据源名称（DSN）"，打开 "数据源名称（DSN）"对话框，如图 8-52 所示，在"连接名称"文本框中输入用户自定义名称： conn，从"数据源名称（DSN）"下拉列表中选择前面建立的数据源名 km，单击"测试"按钮， 显示"成功创建连接脚本"，则表示已正确连接数据库。

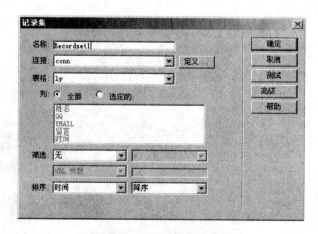

图 8-52　数据源名称（DSN）

（8）然后选择"绑定"选项卡，单击"＋"|"记录集（查询）"，打开"记录集"对话框，如 图 8-53 所示。在"名称"框输入 Recordset1，从"连接"下拉框中选择 conn，从"表格"下拉框 中选择表 ly，"列"选择"全部"单选按钮，将"排序"设为"时间"、"降序"，即可按提交时间的降 序对记录排序。

图 8-53　"记录集"对话框

（9）在"绑定"面板中，展开"记录集（Recordset1）"，如图 8-54 所示，拖动各记录集字段 到 index. asp 表格第二行相应列中。选中表格第二行，在"服务器行为"选项卡下单击"＋"

按钮,添加"重复区域",如图 8-55 所示。打开"重复区域"对话框,如图 8-56 所示。选中第一个单选按钮,将重复记录数据设为 2。

图 8-54　记录集窗口　　　　　　　　图 8-55　绑定服务器行为

(10) 光标位于表格的第 3 行,选择菜单"插入"|"应用程序对象"|"记录集分页"|"记录集导航",插入文本或图像的导航条,如"第一页"、"前一页"、"下一页"、"最后一页",如图 8-57 所示。

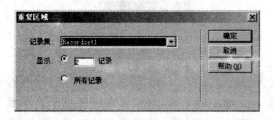

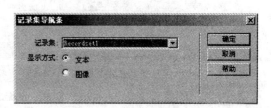

图 8-56　"重复区域"对话框　　　　　　图 8-57　记录集导航条

(11) 光标位于表格的第 4 行,选择菜单"插入"|"应用程序对象"|"显示记录计数"|"记录集导航状态",打开如图 8-58 所示的对话框,单击"确定"按钮。表格最终的设计视图如图 8-59 所示。

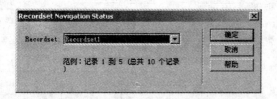

图 8-58　记录集导航状态

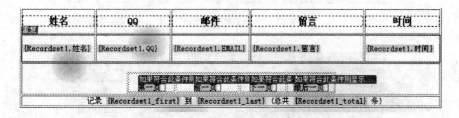

图 8-59　index.asp 页面表格

(12) 在网站的 liuyan 文件夹下新建网页 insert.asp,先插入表单,再插入一个 5 行 2 列的表格及各表单对象,表单布局如图 8-60 所示。

(13) 选中表单,添加"插入记录"服务器行为,如图 8-61 所示。打开如图 8-62 所示的

"插入记录"对话框。从"连接"下拉框中选择 conn,"插入到表格"下拉框中选择表格 ly,单击"插入后,转到"文本框后面的"浏览"按钮,选择 index.asp 文件,从"获取值自"下拉框中选择 form1,依次选中各个"表单元素",从"列"下拉框中选择要插入的表格中的相应字段,从"提交为"下拉框中选择相应的数据类型,即可将在各表单元素中输入的数据存储到表格中的相应字段中。

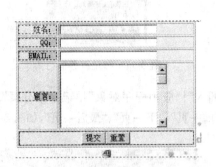

图 8-60　留言表单　　　　　　　　　图 8-61　添加"插入记录"行为

(14) 再选中表单,单击"窗口"|"行为",打开"行为"面板,单击"添加"按钮添加"检查表单"行为,打开"检查表单"对话框,如图 8-63 所示。选中每个表单域,依次设置每个表单域的输入规则。例如"文本 textfield3"代表的是 Email 文本框,要求在该文本框内必须输入内容,并且格式要符合电子邮件的格式要求,即在 @ 的前后要有字符。

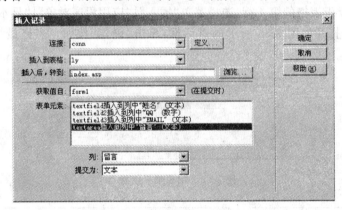

图 8-62　"插入记录"对话框

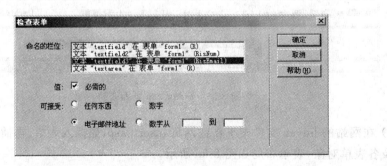

图 8-63　"检查表单"对话框

（15）在 index.asp 页面上添加一个"填写留言"的超链接，链接到 insert.asp，保存预览网页。

留言本首页 index.asp 如图 8-64 所示，留言表单页面 insert.asp 如图 8-65 所示。

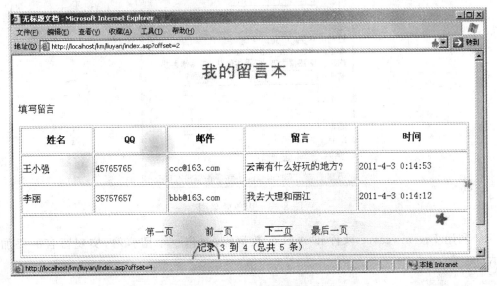

图 8-64　留言本首页

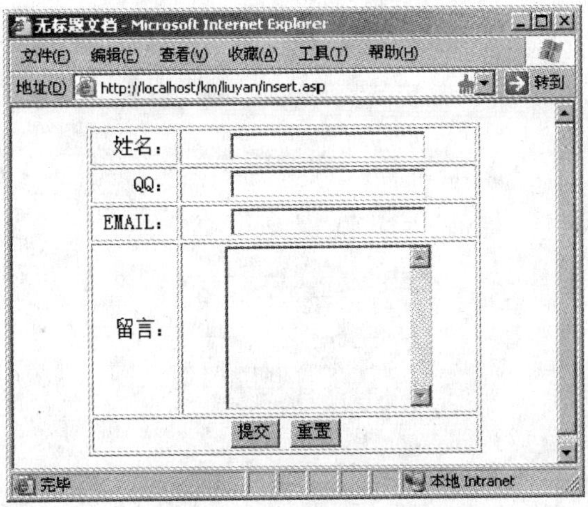

图 8-65　留言表单页面

注意：移植网站后，要在计算机上重新建同名的数据源名 km，指向数据库文件 db1.mdb 即可访问。

习题 8

1. 自行设计一个表单，如图 8-66 所示，利用 CSS 美化该表单，并添加"检查表单"行为。

2. 利用 Dreamweaver 软件和 Access 数据库，制作一个动态菜单页面，菜单中的选项从数据库表中读取。

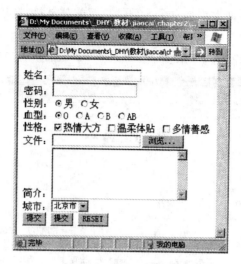

图 8-66　表单效果图

3. 利用 Dreamweaver 软件和 Access 数据库,制作一个留言簿,实现留言的添加和显示。

模板与库

网站设计过程中需要建立大量风格和布局一致的网页,为避免网页设计人员重复制作网页中的相同部分,Dreamweaver 提供了制作网页模板的功能。当希望编写某种带有共同格式和特征的文档时,可以通过一个模板产生出新的文档,然后再在该新文档的基础上入手进行编写。另外,模板最大的一个优点就是一次能更新多个页面。当用户对一个模板进行修改时,所有基于该模板创建并与该模板保持连接的文档可以立即更新。

网页设计过程中经常会重复使用某些页面元素,为简化操作,Dreamweaver 提供了库,并将重复使用的元素设置为库项目。

9.1 模板

网站的风格统一很重要。可以将各页面版式设置相同,包括网站的标题图片、站点名称、导航按钮、表格的编排方式、图片的大小都是固定的。制作一个新的网页这些都不变,只替换文字和一些图片。习惯方法是重新做一页或者是将这个页面另存为一个文件,然后再手动地替换文字和图片。如果这样重复制作 N 个网页,是相当麻烦的。

模板的制作思路在许多大型网站上都有应用,如个人博客,各单位的信息发布网站等,它的最大的好处就是减少了重复劳动,并且相关的网站页面风格保持一致。

Dreamweaver 的模板是一种特殊类型的文档,用于设计“固定的”页面布局,然后用户便可以基于模板创建文档,创建的文档会继承模板的页面布局。设计模板时,可以指定在基于模板的文档中哪些内容是用户“可编辑的”。模板创作者控制哪些页面元素可以由模板用户(如作家、图形艺术家或其他 Web 开发人员)进行编辑。模板创作者可以在文档中包括数种类型的模板区域。

使用模板可以一次更新多个页面。从模板创建的文档与该模板保持连接状态(除非以后分离该文档)。可以修改模板并立即更新基于该模板的所有文档中的设计。默认情况下 Dreamweaver 模板的页面中的各部分是固定(即不可编辑)的。

使用模板可以控制大的设计区域以及重复使用完整的布局。如果要重复使用个别设计元素,如站点的版权信息或徽标,可以创建库项目。

通常制作模板文件时,只把导航条和标题栏等各个页面都有的部分制作出来,而把其他部分留给各个页面安排设置具体内容。制作模板文件与制作普通的网页的方法是相同的,但是在制作模板时,必须设置好"页面属性",指定好"可编辑区域"等。一个模板文件如图9-1所示。

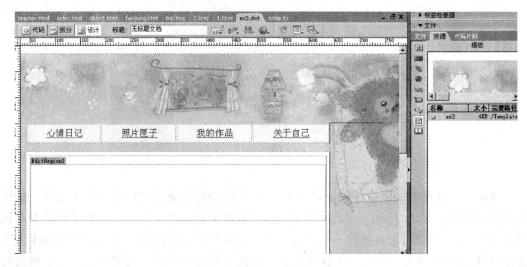

图9-1 模板文件示例

9.1.1 创建模板

1. 将文档存为模板

Dreamweaver可将网页存储为模板,打开要存储为模板的网页,选择"文件"|"另存为模板"命令,弹出"另存为模板"对话框,设置存储位置即可保存。

2. 使用资源面板创建新模板

步骤如下。

(1) 打开资源面板,选择"窗口"|"资源"命令。

(2) 单击"模板"按钮,切换到模板类别。

(3) 单击资源面板底部的"新建模板"按钮。名称列表中就添加了一个新模板,处于选定状态,为该模板输入一个名称。

(4) 单击资源面板底部的"编辑"按钮或在名称列表中双击,可在文档窗口打开该模板。

3. 使用文件菜单创建新模板

使用Dreamweaver创建模板时,选择"文件"|"新建"命令,弹出"新建文档"对话框,如图9-2所示。在"类别"列表框中选择"模板页"选项,在"模板页"列表框中选择"HTML模板"选项,然后单击"创建"按钮创建模板页。

Dreamweaver将模板文件保存在站点的本地根文件夹中的Templates文件夹中,使用文件扩展名.dwt。如果该Templates文件夹在站点中尚不存在,Dreamweaver将在保存新建模板时自动创建该文件夹。

注意:不要将模板移动到Templates文件夹之外或者将任何非模板文件放在Templates文件夹中。此外,不要将Templates文件夹移动到本地根文件夹之外。这样做将在模板中的路径中引起错误。

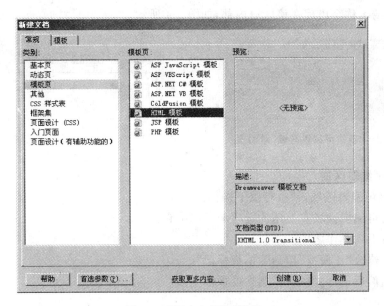

图 9-2 "新建文档"对话框

9.1.2 创建可编辑区

创建模板时,新模板的所有区域都是锁定的,所以要使该模板有用,必须定义一些可编辑区域。模板的可编辑区域就是基于模板的文档中的未锁定区域,它是模板用户可以编辑的部分。

模板创作者可以将模板的任何区域指定为可编辑的。要让模板生效,它应该至少包含一个可编辑区域;否则,将无法编辑基于该模板的页面。

1. 定义可编辑区域

若要插入可编辑模板区域,执行以下操作。

(1) 在"文档"窗口中,执行下列操作之一选择区域。

- 选择想要设置为可编辑区域的文本或内容。
- 将插入点放在想要插入可编辑区域的地方。

(2) 执行下列操作之一插入可编辑区域。

- 选择"插入"|"模板对象"|"可编辑区域"命令。
- 右击所选内容,然后选择"模板"|"新建可编辑区域"。
- 在"插入"栏的"常用"类别中,单击"模板"按钮上的箭头,然后选择"可编辑区域"。

(3) 出现"新建可编辑区域"对话框,如图 9-3 所示。

(4) 在"名称"文本框中为该区域输入唯一的名称。

注意:不能对特定模板中的多个可编辑区域使用相同的名称。不要在"名称"文本框中使用特殊字符。

(5) 单击"确定"按钮。

可编辑区域在模板中由高亮显示的矩形边框围绕,该边框使用在首选参数中设置的高亮颜色。该区域左上角的选项卡显示该区域的名称。如果在文档中插入空白的可编辑区域,则该区域的名称会出现在该区域内部,如图 9-4 所示。

图 9-3　"新建可编辑区域"对话框

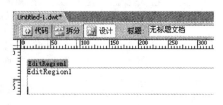

图 9-4　可编辑区域

2. 删除可编辑区域

若要删除可编辑区域,请执行以下操作。

(1) 单击可编辑区域左上角的选项卡以选中它。

(2) 执行下列操作之一。

- 选择"修改"|"模板"|"删除模板标记"。
- 右击,然后选择"模板"|"删除模板标记"。

9.1.3　创建重复区域

重复区域是文档中设置为重复的布局部分。例如,可以设置重复一个表格行。通常重复部分是可编辑的,这样模板用户可以编辑重复元素中的内容,同时使设计本身处于模板创作者的控制之下。在基于模板的文档中,模板用户可以根据需要使用重复区域控制选项添加或删除重复区域的副本。可以在模板中插入两种类型的重复区域:重复区域和重复表格。

1. 重复区域

创建重复区域的步骤如下。

(1) 在模板文档中,选择要设置为重复区域的文本或内容,或将光标放在想要插入重复区域的地方。

(2) 选择菜单"插入"|"模板对象"|"重复区域"命令或右击所选内容,然后从上下文菜单中选择"新建重复区域"。

(3) 在弹出的"新建重复区域"对话框中,如图 9-5 所示,在"名称"文本框中输入唯一区域的名称。单击"确定"按钮,重复区域就被插入到模板中。

注意:重复区域在基于模板的文档中是不可编辑的,除非其中包含可编辑区域。

2. 重复表格

可以使用重复表格创建包含重复行的表格格式的可编辑区域。可以定义表格属性并设置哪些表格单元格可编辑。

若要插入重复表格,执行以下操作。

(1) 在"文档"窗口中,将插入点放在文档中想要插入重复表格的位置。

(2) 执行下列操作之一。

- 选择"插入"|"模板对象"|"重复表格"。
- 在"插入"栏的"常用"类别中,单击"模板"按钮上的箭头,然后选择"重复表格"。

(3) 即会出现"插入重复表格"对话框,如图 9-6 所示。

图9-5　"新建重复区域"对话框

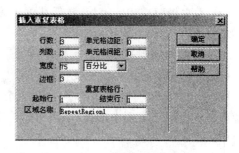

图9-6　"插入重复表格"对话框

（4）按需要输入新值，单击"确定"按钮。

重复表格即出现在模板中。

9.1.4　创建嵌套模板

嵌套模板是指其设计和可编辑区域都基于另一个模板的模板。若要创建嵌套模板，必须首先保存原始模板或基本模板，然后基于该模板创建新文档，最后将该文档另存为模板。在新模板中，可以在原来基本模板中定义为可编辑的区域中进一步定义可编辑区域。

嵌套模板对于控制共享许多设计元素的站点页面中的内容很有用，但在各页之间有些差异。例如，基本模板中可能包含更宽广的设计区域，并且可以由站点的许多内容提供者使用，而嵌套模板可能进一步定义站点内特定部分页面中的可编辑区域。

创建嵌套模板的操作步骤如下。

（1）从嵌套模板要基于的模板创建一个文档，方法是在"资源"面板的"模板"类别中右击模板，然后选择"从模板新建"。文档窗口中即会出现一个新文档。

（2）选择"文件"|"另存为模板"命令或在"常用"工具栏中单击"模板"按钮上的箭头，然后单击"创建嵌套模板"按钮，将新文档另存为模板。

（3）在新模板中添加其他内容和可编辑区域。

（4）保存该模板。

9.1.5　使用模板

1. 创建基于模板的新文档

1）用新建文档方式创建基于模板的网页

操作步骤如下。

（1）选择"文件"|"新建"菜单命令，打开"新建文档"对话框。在"新建文档"对话框中选择"模板"标签。

（2）在左边"模板用于"列表中选择包含要使用的模板的站点。在右边模板列表中选择想要使用的模板。

（3）单击"创建"即创建了一个基于模板的新页面。

2）用资源面板创建基于模板的新网页

操作步骤如下。

（1）在资源面板中，单击"模板"图标查看站点模板。

（2）右击想要应用的模板，然后从弹出菜单中选择"从模板新建"。

2. 在现有文档上应用模板

将模板应用到现有文档的操作步骤如下。

（1）打开想要应用模板的文档。

（2）选择"修改"|"模板"|"套用模板到页"，从列表中选择一个模板并单击"选择"或在资源面板的"模板"类别中选择模板，然后单击"应用"按钮或将模板从模板面板拖动到文档窗口中。

（3）如果文档中有不能自动指定到模板区域的内容，则会出现"不一致的区域名称"对话框。它将列出要应用的模板中的所有可编辑区域，可以为内容选择目标。

3. 从模板分离文档

从模板分离文档的步骤如下。

（1）打开想要分离的文档。

（2）选择"修改"|"模板"|"从模板中分离"命令。

【例9-1】 模板应用实例。

创建一个云南大学信息学院的模板 school.dwt，效果如图9-7所示。根据该模板再制作学院主页及其他各系的页面，使得各页面有统一的布局和风格，制作步骤如下。

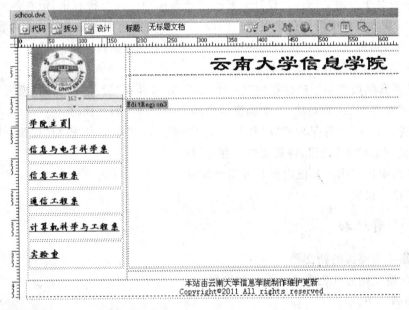

图9-7　模板 school.dwt

1. 新建模板

选择"文件"|"新建"命令，弹出"新建文档"对话框，如图9-2所示。在"类别"列表框中选择"模板页"选项，在"模板页"列表框中选择"HTML 模板"选项，然后单击"创建"按钮创建模板页。

2. 创建表格布局和可编辑区域

（1）按照图9-7所示，利用表格进行布局，并在相应单元格中插入图像或输入文字。上方表格是标题,中间表格是页面的主要内容,下方表格是版权信息。

(2)光标位于中间表格右边的单元格中,选择"插入"|"模板对象"|"可编辑区域"。打开"新建可编辑区域"对话框,如图9-8所示。单击"确定"按钮。

(3)选择"文件"|"保存"命令,打开"另存为模板"对话框,如图9-9所示,在"另存为"文本框中输入 school,单击"保存"按钮,则在站点的 Templates 文件夹下保存模板文件 school.dwt。

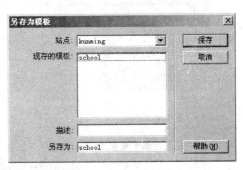

图9-8 "新建可编辑区域"对话框   图9-9 "另存为模板"对话框

3. 创建 index.html 页面

选择"文件"|"新建",打开"新建文档"对话框,切换到"模板"选项卡,选择前面创建好的 school 模板,单击"创建"按钮。保存页面为 index.html,双击打开设计视图,在 EditRegion3 可编辑区域中输入相应文字内容,然后保存,如图9-10所示。

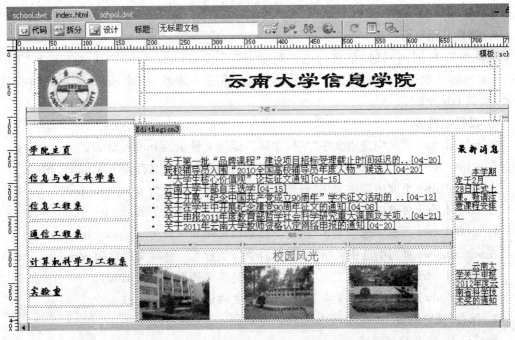

图9-10 信息学院首页 index.html

4. 创建 computer. html 页面

选择"文件"|"新建",打开"新建文档"对话框,切换到"模板"选项卡,选择前面创建好的 school 模板,单击"创建"按钮。保存页面为 computer. html,双击打开设计视图,在 EditRegion3 可编辑区域中输入相应文字内容,然后保存,如图 9-11 所示。

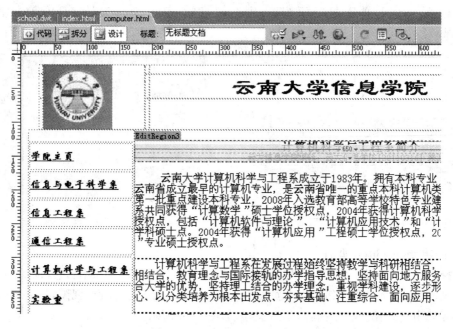

图 9-11 computer. html 页面

5. 创建其他页面

按照步骤 4,同理创建"信息与电子科学系"页面 xindian. html、"通信工程系"页面 tongxin. html、"电子工程系"页面 diangong. html、"信息工程系"页面 xingong. htm 和"实验中心"页面 lab. html。

6. 设置超链接

在 school. dwt 页面中选中文字"学院主页",链接文件设为 index. html。

在 school. dwt 页面中选中文字"信息与电子科学系",链接文件设为 xindian. html。

在 school. dwt 页面中选中文字"通信工程系",链接文件设为 tongxin. html。

在 school. dwt 页面中选中文字"电子工程系",链接文件设为 diangong. html。

在 school. dwt 页面中选中文字"信息工程系",链接文件设为 xingong. html。

在 school. dwt 页面中选中文字"计算机科学与工程系",链接文件设为 computer. html。

在 school. dwt 页面中选中文字"实验中心",链接文件设为 lab. html。

在 school. dwt 页面中选中文字"返回",链接文件设为 table. html。

7. 保存、预览网页

最后保存、预览网页即可。

9.2 库

在网页设计过程中经常会重复使用某些页面元素,为简化操作 Dreamweaver 提供了库,库是一种特殊的 Dreamweaver 文件,将重复使用的元素设置为库项目,并将网站的库项目集中存放在库中进行管理和控制。库中可以存储各种类型的页面元素,如文字、图像、表格、表单、声音和 Flash 文件。每当更改某个库项目的内容时,可以更新所有使用该项目的页面。库项目简化了维护和管理站点的工作。

假设正在为某公司建立一个大型站点。公司想让其广告语出现在站点的每个页面上,但是销售部门还没有最后确定广告语的文字。如果创建一个包含该广告语的库项目并在每个页面上使用,那么当销售部门提供该广告语的最终版本时,可以更改该库项目并自动更新每一个使用它的页面。

Dreamweaver 将库项目存储在每个站点的本地根文件夹内的 Library 文件夹中。每个站点都有自己的库。

9.2.1 创建库项目

可以从文档 body 部分中的任意元素创建库项目,这些元素包括文本、表格、表单、Java applet、插件、ActiveX 元素、导航条和图像。

对于链接项(如图像),库只存储对该项的引用。原始文件必须保留在指定的位置,才能使库项目正确工作。

尽管如此,在库项目中存储图像还是很有用的,例如,可以在库项目中存储一个完整的 img 标签,它将可以方便地在整个站点中更改图像的 alt 文本,甚至更改它的 src 属性。

若要基于选定内容创建库项目,执行以下操作。

(1) 在"文档"窗口中,选择文档中想作为库项目的元素,如文字、图像、导航条等。

(2) 执行下列操作之一:

* 将选定内容拖到"资源"面板("窗口"|"资源")的"库"类别中。
* 在"资源"面板("窗口"|"资源")中,单击"资源"面板的"库"类别底部的"新建库项目"按钮。
* 选择"修改"|"库"|"增加对象到库"。

(3) 为新的库项目输入一个名称,然后按 Enter 键,如图 9-12 所示。

Dreamweaver 在站点本地根文件夹的 Library 文件夹中,将每个库项目都保存为一个单独的文件(文件扩展名为 .lbi)。

若要创建一个空白库项目,执行以下操作。

(1) 确保没有在"文档"窗口中选择任何内容。如果选择了内容,则该内容将被放入新的库项目中。

(2) 在"资源"面板("窗口"|"资源")中,选择面板左侧的"库"类别。

(3) 单击"资源"面板底部的"新建库项目"按钮。

一个新的、无标题的库项目将被添加到面板中的列表。

(4) 在项目仍然处于选定状态时,为该项目输入一个名称,按 Enter 键。

图 9-12 新建库项目

9.2.2 库项目操作

1. 在文档中插入库项目

当向页面添加库项目时,将把实际内容以及对该库项目的引用一起插入到文档中。如图 9-13 所示。

图 9-13 插入库项目

若要在文档中插入库项目,执行以下操作。

(1) 将插入点放在"文档"窗口中。

(2) 在"资源"面板("窗口"|"资源")中,选择面板左侧的"库"类别。

(3) 执行下列操作之一。

- 将一个库项目从"资源"面板拖动到"文档"窗口中。

- 选择一个库项目,然后单击面板底部的"插入"按钮。

提示:若要在文档中插入库项目的内容而不包括对该项目的引用,在从"资源"面板向外拖动该项目时按 Ctrl 键。如果用这种方法插入项目,则可以在文档中编辑该项目,但当更新使用该库项目的页面时,文档不会随之更新。

2. 编辑库项目

当编辑库项目时,可以更新使用该项目的所有文档。如果选择不更新,那么文档将保持与库项目的关联,可以在以后更新它们。

对库项目的其他种类的更改包括重命名项目以断开其与文档或模板的连接、从站点的库中删除项目以及重新创建丢失的库项目。

注意:编辑库项目时,"CSS 样式"面板不可用,因为库项目中只能包含 body 元素,而 CSS 样式表代码却插入到文档的 head 部分。"页面属性"对话框也不可用,因为库项目中不能包含 body 标签或其属性。

若要编辑库项目,请执行以下操作。

(1) 在"资源"面板("窗口"|"资源")中,选择面板左侧的"库"类别。

(2) 选择库项目。

库项目的预览出现在"资源"面板的顶部(预览时不能进行任何编辑操作)。

(3) 执行下列操作之一。

• 单击面板底部的"编辑"按钮。

• 双击库项目。

Dreamweaver 将打开一个用于编辑该库项目的新窗口。此窗口非常类似于"文档"窗口,但它的"设计"视图的背景为灰色,表示用户正在编辑的是库项目而不是文档。

(4) 编辑库项目然后保存更改。

(5) 在出现的对话框中,选择是否更新本地站点上那些使用编辑过的库项目的文档:

• 选择"更新"将更新本地站点中所有包含编辑过的库项目的文档。

• 选择"不更新"将不更改任何文档,直到使用"修改"|"库"|"更新当前页"或"更新页面"才进行更改。

习题 9

1. 请使用 Dreamweaver 创建一个网页设计模板,并使用该模板制作 4 个如图 9-14 所示的不同内容的页面。

(a) 网页1　　　　　　　　　　(b) 网页2

(c) 网页3

(d) 网页4

图 9-14　页面

2. 参考如图 9-15 所示的页面,要求新建一个网页模板,并用该模板创建 6 个内容不同的页面,每个网页上方具有相同的图片和导航条。

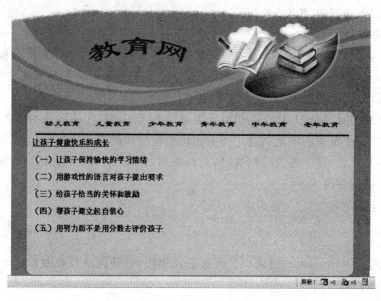

图 9-15   模板效果图

第 10 章

综合实例

随着因特网的发展,网站已成为企业或个人宣传自己的重要途径之一。拥有一个好的网站就是企业或个人最好的名片。在本章将详细介绍一个个人网站的建设过程。利用 Fireworks 规划首页布局,然后用模板制作其他内容页面。

10.1 站点规划

10.1.1 内容规划

个人网站关注的是如何让自己的网站更具有个性魅力,将个人擅长的信息更全面地反映给浏览者。

站点的主体内容由个人日常收藏与爱好组成,从电影、音乐、图书、相册 4 方面全方位展示个人丰富多彩的生活。

网站包括以下栏目。

(1) 首页:站点进入页面,栏目目录或综合介绍。

(2) 电影:4 部热门电影。

(3) 音乐:4 首热门歌曲。

(4) 图书:4 本热门书籍。

(5) 相册:站长收藏的各种海报美图欣赏。

在设计风格方面,采用"画廊式",力求表现出各栏目的最大特色,达到有效传递信息的目的。网站首页采用静态图片与动态 Flash 相结合的方式。本网站采用的是最常见的星状链接,即每个页面之间都建立链接。星状链接的优点是浏览方便,用户可以从当前页面跳转到任何页面中。网站结构如图 10-1 所示。

10.1.2 网站目录结构规划

在 Dreamweaver 中,使用"站点"|"新建"命令,新建一个本地站点。网站的目录结构是指建立网站时创建的目录。目录结构的好坏,对于网站本身的上传、维护、内容的扩充和移植有着重要的影响。

为了将文件分门别类地放在不同的文件夹下,本网站的目录结构如下。

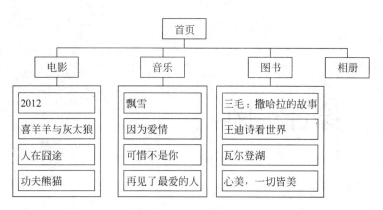

图 10-1　站点结构

- images：用于存放图像素材。
- pages：用于存放除了首页以外的网页。
- css：用于存放 css 样式文件。
- source：用于临时存放未处理的各种素材，在站点完成后无须上传此文件夹。

有了总体结构，还要收集基本素材，例如文本、动画、图片、音乐和视频素材等，将其保存在 source 文件夹中。

10.2　前期准备工作

10.2.1　用 Fireworks 规划网页布局

设计的第一步是设计版面布局。可以将网页看做传统的报刊杂志来编辑，这里面有文字、图像、动画等，要做的工作就是以最适合的方式将图片和文字放在页面的不同位置。

首页是浏览者访问一个站点时看到的第一个页面，通过它的链接，进而浏览站点的其他页面。首页的名字通常叫做 index.html 或 default.html。

首页好比书的封面，它的设计是一个网站是否能够吸引浏览者的关键。访问者往往在看到首页时就已经对站点有一个整体的感觉，所以首页的设计和制作一定要特别重视。

首页大致分为以下 3 种类型。

1. 封面式首页

有的大型网站往往有一个书籍封面式首页，上面除了一幅精美的大图以外，只有一个"进入"链接，单击之后才进入网站，这种首页设计精美，简洁大方。

2. 期刊杂志式首页

与封面式首页相似，但在首页上又有站点全部内容的目录索引，图文并茂，看上去就像期刊杂志的封面，既漂亮，内容又一目了然，是个人网站值得推荐的形式。

3. 报纸式首页

许多电子商务网站、搜索引擎和新闻信息网站，内容丰富，为了速度和操作的简便，往往采用报纸式首页设计，将栏目索引、功能模块、具体内容一起显示在首页上，看上去就像一张报纸的头版一样。

设计时首先要确定网页外形尺寸,显示器分辨率通常在1024×768像素以上,所以就以1024×768像素为基准,网页的宽度不要超过1000像素,否则网页的设计不能完整地显示出来,只能借助滚动条才能看到。

另外在设计时要注意画面的图像、文字的视觉分量在上下左右方位都要基本平衡,还要注意视觉上的互相呼应、对比,注重元素疏密搭配。在色彩搭配上,多使用同类色与邻近色,这样显得和谐、有层次感,同时也要适量使用对比色,起到点缀、丰富的作用。

10.2.2　绘制页面布局草图

一个网站中的页面分为首页和内容页两种。首页作为网站的入口,必须为浏览者提供进入栏目页面的链接,首页方便浏览者对相关内容进行有选择的阅读。另外首页也是整个网站的综合展示,在首页中可以看到各个栏目的相关信息,以吸引浏览者继续阅读。

内容页是指用来放置站点主要内容的页面,是网站的子页面。在内容页也包括导航条、页面的内容链接、文章列表、文章信息和版权信息等。本网站采用横向布局,首页的布局草图如图10-2所示,内容页的布局草图如图10-3所示。

图10-2　首页的布局草图

图10-3　内容页的布局草图

10.2.3　图像素材的准备

图像素材有些可以自己制作,例如使用Fireworks或Photoshop制作图片,使用Flash制作动画等,有些可以通过其他途径获得,例如在网上下载、购买素材光盘等。

通常,为了使已有的图像适合网页制作,需要用图像处理软件进行加工处理。首先需要将素材中相同栏目中的图片素材利用Fireworks修改成一致的大小,并根据需要,分别制作大图与缩略图两种效果,以便排版,同时注意文件统一命名方式,如book1.jpg、book1a.jpg分别代表大图和对应的缩略图。

10.2.4　制作Flash图像查看器

首页中央的大幅banner采用了Dreamweaver自带的图像查看器,利用该功能可以方便地制作出图片切换的Flash动画效果。待首页切片导入后再在相应位置上插入图像查看器。

制作步骤如下。

(1)确定图像查看器的大小,由于该动画需要嵌入设计好的网页中,所以要严格规范图像查看器的大小尺寸,设为 500×350。首先准备好 4 张大小一致、风格相近的图像素材,分别代表首页、电影、音乐和图书,如图 10-4 所示。

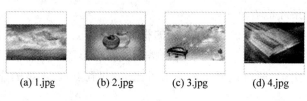

(a) 1.jpg   (b) 2.jpg   (c) 3.jpg   (d) 4.jpg

图 10-4   图像查看器图片素材

(2) 在文档窗口中,将插入点定位到要插入 Flash 动画的位置,选择"插入"|"媒体"|"图像查看器"命令。

(3) 弹出"保存 Flash 元素"对话框,将"图像查看器"保存在站点的目录下,文件名为 image. swf。在"设计"视图中会产生一个 Flash 占位符。

(4) 修改图像查看器的大小为 500×350 像素。

(5) 选中图像查看器,在"Flash 元素"面板中,设置以下参数。

- imageURLs:图像查看器中图片的源路径,添加处理好的 4 幅图片。
- imageLinks:图片查看器中每张图片对应的超链接路径,此处可等全部页面做完后再修改。
- showControls:指示在播放 Flash 元素时是否出现图像查看器控件。这里为了使图像查看器与网页完美结合,选择"否",不显示播放控件。
- slideAutoPlay:选择"是",因为不显示播放控件,所以必须启动自动播放。
- slideLoop:选择"是",启动自动循环播放。

10.2.5 用 Fireworks 制作切片并导出网页

首页中导入了切片,切片制作步骤如下。

(1) 新建 Fireworks 文档,导入一幅 800×600 像素的图片(materials\apple. png)。

(2) 使用工具面板中的"切片"工具在图片正中央绘制一个大小为 575×395 像素的切片,将来放置一个 2 行 1 列的表格,在表格第 1 行放置用 Flash 按钮制作的栏目链接,在表格第 2 行插入前面保存的图像查看器文件。

(3) 选择"文件"|"导出"命令,弹出"导出"对话框。在"导出"下拉列表中选择"HTML 和图像"选项。在"文件名"文本框中输入希望的文件名称。在"切片"下拉列表中选择"导出切片",勾选"将图像放入子文件夹"复选框,则会将所有切片生成的图像保存到站点的图像文件夹内。

10.3 网页制作

10.3.1 首页布局

本网站的首页采用期刊杂志式,在首页上有内容的目录索引,在中心区域还放置了一个 Flash 图像查看器,这样设计既简洁漂亮,又使网站的内容一目了然。

双击打开首页 index.html,选择"插入"|"图像对象"|"Fireworks HTML"命令,在打开的"插入 Fireworks HTML"对话框中选择导出的文件,即可打开刚才导出的网页,进入该页的编辑状态。在中央切片位置处插入一个表格,其中插入 5 个 Flash 按钮和 1 个 Flash 图像查看器,如图 10-5 所示。

图 10-5　首页 index.html

10.3.2　制作内容页面模板

内容页面的设计包括主体版面布局的确定、版面颜色和字体的选择、主体版面各模块的添加、图片和链接的设置等。

内容页面分为上下两个部分,本网站有一组风格相同的 12 个网页,外观相同,只是具体内容不同,因此可以用模板来制作。用模板来创建网站的好处是能够快速建立具有统一风格的多个网页,提高网站设计与制作的效率,并且修改模板一次可更新多个页面。

分别为电影、音乐、图书和相册每个栏目制作一个模板文件,名称分别为 content1.dwt、content2.dwt、content3.dwt、content4.dwt。在适当位置插入可编辑区域,为顶部的导航文字和缩略图添加相应超链接,为整个表格添加背景图像。4 个模板文件的页面效果如图 10-6所示。

10.3.3　基于模板制作内容页面

模板文件建好之后,只要在建立新的 HTML 文件时选择要套用的模板就可以轻松制作出外观统一的众多页面。而且,今后修改模板文件时,软件会自动更新使用了该模板的网

(a) 电影页面模板

(b) 音乐页面模板

(c) 图书页面模板

(d) 相册页面模板

图 10-6　内容页面模板文件

页,大大提高了工作效率。

基于已建好的模板文件制作网页的步骤如下。

(1) 新建网页,选择"修改"|"模板"|"套用模板到页"命令,打开"选择模板"对话框,如图 10-7 所示。选择相应模板文件,如电影模板 content1。

图 10-7　"选择模板"对话框

(2) 此时页面变成模板文件的样子,其中在模板设定的可编辑区域内的文字和图片是可以修改的,而其他部分则无法修改。接下来,只要把相应的内容插入各自的可编辑区域即可完成内容页面的制作,如图 10-8 所示。

(3) 重复此操作,将电影、音乐、图书和相册内容页面制作完成。

(a) 电影页面效果

(b) 音乐页面效果

图 10-8　电影和音乐页面效果

10.4　测试发布网站

1. 本地测试

制作好站点中的所有页面后，首先要对整个网站进行测试。测试最最基本的方法就是在 Dreamweaver 中打开首页，然后按 F12 键预览网页。在浏览器中测试每一个页面，看内容是否能正确显示，链接是否能正确打开，图片是否能显示出来。

确保整个站点能正确工作以后，为进一步测试超链接的正确性，可以使用以下方法。

将整个站点根目录复制到另一个位置，然后在浏览器中打开网站首页，测试是否所有的超链接都能正确工作。使用这种方法能够检测出使用绝对路径创建出的不正确的超链接。如果有无法正确跳转的超链接，应回到原来的站点中，打开相应页面重新设置超链接。

2. 申请域名空间

网站制作完毕，要发布到因特网上，才能让全世界的人看到。对于大型企业，可以选择自架服务器或主机托管，对于中小型企业或个人网站，通常选用虚拟主机。针对网页爱好者，可以申请免费的个人空间。申请步骤如下。

（1）首先取一个名字，即账号。

（2）在申请页面上设定密码并填写一些关于自己和主页的资料，如姓名、身份证、E-mail 和单位等。

（3）登录成功，服务器会发一封确认信。过一段时间后会收到账号开通的邮件，该邮件中包括 FTP 地址、FTP 账号和密码、免费域名等，这些需自行记录保管，这样就成功申请到了主页空间。

3. 上传与发布站点

主页空间申请成功后，要上传网站到服务器，给因特网上的用户浏览，上传网站的方法有多种，既可以利用 Dreamweaver 的上传功能，也可以用 CuteFTP 等上传软件来完成上传。

4. 站点的维护与更新

网站建成后,要定期对站点进行维护与更新。特别是对于商业网站来讲,对维护工作的要求更加严格。网站要能够持久地吸引用户,必须要不断地更新网站内容,对用户保持新鲜度。

主要工作包括:

(1) 服务器及相关软硬件的维护,对可能出现的问题进行评估,制定响应时间。网站服务不仅要保护用户的数据不被泄露,还要保证服务的有效性。网站的安全是网站生存的一个必要条件。

(2) 数据库维护,有效地利用数据是网站维护的重要内容,因此要重视数据库的维护。

(3) 网站内容的更新、调整等。在内容上要突出时效性和权威性,并且要不断推出新的服务栏目,必要时重新建设。

(4) 制定相关网站维护的规定,将网站维护制度化、规范化。企业的站点要认真、及时回复用户的邮件,做到有问必答,使访问者感到企业的真实存在,产生信任感。

习题 10

综合利用网页三剑客 Dreamweaver、Fireworks 和 Flash 软件和所学知识,制作一个不少于 5 个页面的个人网站,要求如下。

(1) 确定网站设计方案:

- 确定网站主题。
- 从 Internet 上收集素材和创作网站。
- 确定站点结构、配色方案。
- 确定网页的布局方案。

(2) 设计网站的首页及其他内容页面,绘制首页和其他内容页面布局草图。

(3) 制作网页首页:切割图片、制作动画、添加样式、添加文字和图片等。

(4) 制作其他内容页面,创建外部 CSS 样式表,以统一网站各网页的风格,完善网站。

(5) 提交实训报告和作品的电子版。

参 考 文 献

[1] 王秀丽,陈琼,宁正元编著.网页设计与制作.北京：清华大学出版社,2006.

[2] 施莹,吕树红,端木祥展编著.网页设计与制作.北京：清华大学出版社,2009.

[3] 梁芳,李莉莉编著.网页设计与制作.第 2 版.北京：清华大学出版社,2011.

[4] 龙马工作室编著.Dreamweaver MX ASP 网页编程入门与范例制作.北京：机械工业出版社,2004.

[5] 聂小燕,王敏,鲁才编著.Dreamweaver CS3 完全自学教程.北京：机械工业出版社,2009.